Доклады Независимых Авторов

Периодическое многопрофильное научно-техническое издание

Выпуск № 19

AF728613

Россия - Израиль
2011

The Papers of independent Authors

(volume 19, in Russian)

Russia - Israel
2011

Copyright © 2005 by Publisher "DNA"
Все права (авторские и коммерческие) на отдельные статьи принадлежат авторам этих статей. Права на журнал в целом принадлежат издательству «DNA».
All right reserved. No portion of this book may be reproduced or transmitted in any form or by any means, eltctronic or mechanical, without written permission of Publisher and Authors.

Отправлено в печать **11.11.2011**
Напечатано в США, Lulu Inc., каталожный № **11744286**
ISBN 978-1-105-15373-0
EAN-13 9772225671006
ISSN 2225-6717

Сайт со сведениями для автора - http://dna.izdatelstwo.com
Контактная информация - publisherdna@gmail.com
Факс: ++972-8-8691348
Адрес: POB 15302, Bene-Ayish, Israel, 60860

Форма ссылки: *Автор. Статья*, «Доклады независимых авторов», изд. «DNA», Россия-Израиль, 2011, вып. 19, printed in USA, Lulu Inc., ID 11744286, ISBN 978-1-105-15373-0

ISBN 978-1-105-15373-0
90000
9 781105 153730

Истина – дочь времени, а не авторитета.

Френсис Бэкон

Каждый человек имеет право на свободу убеждений и на свободное выражение их; это право включает свободу беспрепятственно придерживаться своих убеждений и свободу искать, получать и распространять информацию и идеи любыми средствами и независимо от государственных границ.

Организация Объединенных Наций.
Всеобщая декларация прав человека. Статья 19

От издателя

"Доклады независимых авторов" - многопрофильный научно-технический печатный журнал на русском языке. Журнал принимает статьи к публикации из России, стран СНГ, Израиля, США, Канады и других стран. При этом соблюдаются следующие правила:

1) статьи не рецензируются и издательство не отвечает за содержание и стиль публикаций,
2) автор оплачивает публикацию,
3) журнал регистрируется в международном классификаторе книг ISBN, передается и регистрируется в основных библиотеках России, национальной библиотеке Израиля,
4) приоритет и авторские права автора статьи обеспечиваются регистрацией журнала в ISBN,
5) коммерческие права автора статьи сохраняются за автором,
6) журнал издается в США,
7) журнал продается в интернете и в тех магазинах, которые решат его приобрести, пользуясь указанным международным классификатором.

Этот журнал - для тех авторов, которые уверены в себе и не нуждаются в одобрении рецензента. Нас часто упрекают в том, что статьи не рецензируются. Но институт рецензирования не является идеальным фильтром - пропускает неудачные статьи и задерживает оригинальные работы. Не анализируя многочисленные причины этого, заметим только, что, если плохие статьи может отфильтровать сам читатель, то выдающиеся идеи могут остаться неизвестными. Поэтому мы - за то, чтобы ученые и инженеры имели право (подобно писателям и художникам) публиковаться без рецензирования и не тратить годы на "пробивание" своих идей.

Хмельник С.И.

Содержание

Серия: **БИОЛОГИЯ**

Жоголь Р.А.

Биогенез. Феноменология чуда.

Нет границ в свободном поиске. Наука – не место для догм. Учёный имеет право и обязан задавать любые вопросы, ставить под сомнение любые утверждения, искать любые доказательства, исправлять любые ошибки.

Роберт Оппенгеймер

Оглавление

Аннотация

Статья обосновывает искусственный биогенез в лабораторных условиях. В основе излагаемой концепции лежит представление о рибосомоподобных частицах (кодосомах), которые имеют общее происхождение с рибосомой. Предполагается, что в период возникновения жизни пептидные и сложноэфирные связи (связь в аминоацил-тРНК) заменяемы и зависимы от условий окружающей среды. В обратимых условиях каталитическая деятельность кодосом формирует первичный генетический код. Рождение первой предбиологической формы возникает при появлении «удачной» в информационном плане молекулы – гена репликации. Данное событие ведет к созданию автореплицирующего цикла и формированию Прогенота. Основой существования Прогенота становится гигроскопичная среда, которая позволяет свободно распространяться при накоплении влаги. Кроме того, условия окружающей среды обеспечивают функционирование основополагающего цикла, а химический состав среды, ограничивает каталитические реакции. Теория предполагает сопряжение механизма отбора генов с раскрытием каталитической активности ферментов.

> Данное событие становится причиной усложнения деятельности Прогенота. В таких условиях, эволюция Прогенота, приводит к энергетической независимости его процессов от условий среды, что позволяет ему постепенно осуществить переход в кодировании с кодосом на АСР-азы.

1. Вступление

Как создать иную форму жизни? Этот вопрос кажется безумным. Действительно, как можно рассуждать об искусственной жизни, когда нет общепринятого мнения о том, как известная нам жизнь образовалась? Нет даже теории, которая была бы очевидна, доказуема, и которая удовлетворяла бы тех, кто занимается этим вопросом. Однако, несмотря на все трудности, поставленный вопрос остается правоверным для естественно-научного познания мира. Более того, этот вопрос следует считать первоочередным при рассуждении о механизмах, формирующих жизнь, поскольку, только экспериментальные данные могут служить истинным доказательством естественного возникновения жизни. Вообще, прагматичный подход даже в таком, казалось бы, безумном вопросе, может оказаться полезным, поскольку, он изначально закладывает реальные, воспроизводимые механизмы, что сразу консолидирует мнения с одной стороны, а с другой, разбивает глобальный вопрос на множество мелких технических задач, которые можно решить экспериментально. Поэтому, отвечая на этот вопрос, мы формируем сразу и целостную и правдоподобную картину происходящих событий. Теоретическому обоснованию такой возможности посвящена данная работа.

2. Почти решенная дилемма

Первичная структура в функциональном белке определяется информацией о его строении. В результате, центральным вопросом, проходящим через всю проблему происхождения жизни, становится вопрос о том – как и при каких обстоятельствах случайная нуклеотидная последовательность (ДНК или РНК) может стать информацией? Каким путем можно выявить и сохранить «полезную» информацию? И все это при той трудности, что сама последовательность нуклеотидов при случайном характере образования фактически идентична в свойствах. «Удачная» молекула, имеющая нужную и «хорошую» последовательность ничем не отличается от молекулы, в которой последовательность менее «удачная» или даже «плохая». В такой ситуации исходной точкой любых рассуждений следует считать абсолютное отсутствие какой-либо *информации* в молекулах при их случайном образовании. Иными словами, информации в случайно образованных молекулах нет вообще, и она может только формироваться в процессе. Здравый смысл подсказывает нам, что здесь нет случайности, что это все результат пока еще неизвестного для нас события, и если его раскрыть, то его можно воспроизвести экспериментально.

Есть только один способ выявления информации – информация должна самостоятельно осуществлять синтез белка. Рибосома – это не просто белоксинтезирующий аппарат, а, прежде всего информация, которая является «нужной», и которая будет появляться всякий раз, когда последовательность нуклеотидов оказывается «верной» даже в том случае, если она образуется случайно. Можно сказать, что только одна молекула будет выявлять себя путем необычного «помечивания», т.е., не химическим путем и не физическими свойствами, а каталитической активностью. Главное в том, что последствия её каталитической активности должны стать для системы преобразующими. Система при наличии такой активности должна трансформироваться, приобрести цикличность (повторяемость) процесса, и, в тоже время, получить возможность избегать каких-либо изменений. Именно в этом каталитическая активность рибосомы должна отличаться от других рибозимов. Очевидно, что подобные требования могут исполняться только при образовании цикла зависимости синтеза полинуклеотидов от белков. Поэтому, естественной вопрос: как разрешить данную дилемму только одной «привязкой» информации к структуре? Если исходить из представлений о цикле зависимости, то из нужных биохимических процессов нам следует выделять следующие элементы: тРНК; группа каталитических структур, осуществляющих аминоацилирование тРНК – аминоацил-тРНК-синтетазы и их гены; ген репликации и, как минимум, постоянный источник макроэргического фосфата. Однако, появление всех этих элементов одновременно – явление невероятное вообще. Поэтому, на данном пути рассуждений, мы просто обязаны поставить под сомнение тот факт, что названный набор элементов является единственным, и что эти элементы невозможно заменить.

Синтез белка на рибосоме нуждается в макроэргическом фосфате, его используют дополнительные факторы EF-Tu и EF-G

– мелкие белковые молекулы, каждая гидролизует ГТФ. Однако, гидролиз ГТФ в этих белках не является абсолютно необходимым условием в синтезе белка. Существует «неэнзиматическая» транслокация, которая наглядно показывает, что транслокационный механизм – это термодинамически спонтанный процесс и он присущ самой рибосоме, а не привносится в ее работу дополнительными факторами (Спирин, 1999). Такая бесфакторная «неэнзиматическая» элангационная деятельность рибосом – хорошо известное явление, при её деятельности продукты в бесклеточных системах полностью соответствуют матричным продуктам по генетическому коду. Все аминоацил-тРНК-синтетазы (АСР-азы) осуществляют аминоацилирование с затратой двух макроэргических фосфатов. Для образования аминоацил-тРНК требуется АТФ, значит, и система его генерации, что усугубляет проблему – это заставляет задуматься об энергопроизводящей системе, которая опять упирается в проблему строения белка и информацию о его строении. Круг замыкается, он не имеет выхода. Однако, именно эта часть проблемы содержит в себе «подсказку». Дело в том, что формирование аминоацил-тРНК в момент зарождения жизни могло осуществляться совершенно иным путем. Этот путь не должен использовать свободные аминокислоты, а значит, он не будет нуждаться в макроэргическом фосфате и, соответственно, в системе его генерации. Поэтому, прежде всего, надо искать именно этот путь, только он может дать ответы на главные вопросы.

Вновь вернемся к первой точке приложения проблемы – к рибосоме. Рассмотрим термодинамический расчет пептидилтрансферазной реакции. Следует сразу оговориться, что он не отражает действительность, поскольку не учитывает важное обстоятельство – не все субстраты в элонгационном цикле достигают активного центра из раствора, и не все продукты высвобождаются в него. Как отмечает А.С.Спирин – «все это делает невозможным даже приблизительную оценку изменения свободной энергии в самой реакции транспептидации в процессе нормального элонгационного цикла на рибосоме» (Спирин, 1986 с.188). Для формального расчета принято исходить из различий в энергии гидролиза эфирной связи в аминоацил-тРНК, что оценивается при стандартных условиях: около – 30 кДж/моль и энергией гидролиза в пептидной связи в полипептиде бесконечной длины, что оценивается около – 2 кДж/моль. Этот расчет является формальностью, он не отражает реального положения вещей –

энергия связи «в полипептиде бесконечной длины» сильно занижается самим пептидом. Реальное значение DG для пептидной связи около – 20 кДж/моль (Ленинджер, 1985). В результате существует небольшой энергетический разрыв, что позволяет реакции быть реально обратимой, её константа равновесия 0,01.

Осознание возможности существования обратимого синтеза белка имеет принципиальное значение для всей проблемы происхождения жизни. В сущности, камнем преткновения в проблеме становится конфликт между наличием: одновременно иметь каталитическую структуру для синтеза информационной молекулы, и, в тот же момент иметь информационные молекулы, управляющие синтезом этих структур. Эта проблема как раз и решается самой рибосомой, поскольку она с одной стороны выступает как каталитическая структура, представляющая собой информационную молекулу. А с другой стороны, она выступает как функциональная структура, заменяющая все необходимые структуры в синтезе, т.е., она способна заменять как в структурном, так и в каталитическом плане все другие необходимые компоненты, такие как АСР-азы, проводя одну реакцию – транспептидацию. Другими словами – и «яйцо» и «курица» – это одно и тоже явление.

Конечно, это только теоретически рибосома способна разбирать белки. В действительности этого произойти не может, поскольку истинным субстратом для неё выступают не белки (пептиды), а пептидил-тРНК, которых просто не существует в свободном виде. Причина тому – терминирующий гидролиз, который проходит в присутствии высвобождающего фактора. Считается, что гидролиз осуществляется самим пептидилтрансферазным центром рибосомы, так как его ингибиторы подавляют гидролиз. Но не исключается, что фактор высвобождения приносит какую-то нуклеофильную группу, которая принимает участие в катализе. Принципиальным моментом, в нашей ситуации становится наличие сразу двух каталитических активностей у рибосомы, и только одна из них – гидролиз, действительно необратимая реакция. В результате этой реакции рибосома движется в одном направлении, но если бы гидролиз не существовал, то рибосома теоретически могла бы двигаться в обоих направлениях. Конечно, движение рибосомы в ту или иную сторону само по себе не имеет значения, поскольку белок в такой ситуации будет просто собираться и разбираться без каких-либо последствий.

Отсутствует главное – генетический год. Вопрос в том, как он может быть сформирован?

Попробуем ответить на поставленный вопрос. Рибосома не обладает субстратной специфичностью, она «слепа» в отношении аминокислот и нуклеотидов, входящих в тРНК, это универсальная белоксинтезирующая машина. Но, если помимо существования такой машины присутствуют другие структуры, которые выявляют себя таким же образом с помощью каталитической активности в отношении одного и того же вида реакции, но при этом обладают индивидуальной субстратной специфичностью, то это совершенно меняет всю картину. Предположим, что существует не одна рибосома, а целая группа рибосомоподобных частиц, которые различают субстрат и могут использовать в синтезе белка только определенные аминоацил-тРНК (только глицин-тРНК или только валин-тРНК и т.д.), т.е. имеют субстратную специфичность и синтезированный ими белок состоит только из глицина или валина и т.д. При этом частицы способны не только узнавать аминокислоты, но и различать нуклеотидную последовательность субстрата, с которого переносится аминокислота. Такую ситуацию легко представить, при этом, если реакция белкового синтеза имеет обратимость, в таком случае получается целая группа каталитических структур, осуществляющих ни что иное, как кодирование аминокислот. В данном случае, речь не идет о нарушении основной догмы молекулярной биологии, по которой информация идет в одном направлении от нуклеиновых кислот к белкам, речь идет о обратимости транспептидационной реакции. Рибосомоподобные частицы сами строят гомополимерные белковые молекулы, используя в качестве субстрата аминоацилированные тРНК, они не нуждаются в дополнительных инструкторных молекулах. Поскольку они не используют АТФ, то эти частицы можно назвать рибозимными аминоацил-тРНК-синтазами, или, по типу катализируемой реакции – рибозимными аминоацилтрансферазами. Их так же можно назвать кодосомами т.к. реакция, проходящая в обратном направлении, формирует генетический код. Последний термин предпочтителен, он подчеркивает структурную близость с рибосомой. Но его применение может ввести в заблуждение, т.к. в литературе под термином «кодосомы» часто подразумеваются истинные аминоацил-тРНК-синтетазы (АСР-азы).

Хочу обратить внимание на то, что в такой ситуации будет возникать вырожденность генетического кода. Она будет формироваться аминоацилтрансферазами и будет зависеть от их сродства к субстратам – аминокислотам и нуклеотидной последовательности антикодона, которую они обязаны распознавать. В таком случае, если появляется частица с теми же каталитическими свойствами, но не наделенная субстратной специфичностью и допускающую в каталитический карман еще и дополнительную полинуклеотидную молекулу при её правильной геометрической конфигурации нуклеотидов с нуклеотидами её субстрата, то она превращается в первую настоящую рибосому. Эта первая рибосома будет либо создавать пептид на пептидил-тРНК с различной аминокислотной последовательностью, согласно последовательности нуклеотидов в дополнительной молекуле, либо разбирать пептидил-тРНК, насаживая различные аминокислоты на субстратные молекулы, но только при условии совпадения конфигураций дополнительных нуклеотидных молекул с нуклеотидами основного субстрата. Теоретически, выбор движения рибосомы и аминоацилтрансфераз (кодосом) в ту или иную сторону будет зависеть от точки химического равновесия системы. Но поскольку рибосома еще и высвобождает белок, то её движение становится односторонним, чего нельзя сказать о аминоацилтрансферазах (кодосомах), которые в силу простоты строения могли просто не включать дополнительные факторы и тем самым иметь возможность проводить реакцию обратимо. В такой ситуации между рибосомой и аминоацилтрансферазами формируется замкнутый круг, где продукты одного участника становятся субстратом для другого. Ценность такого круга в том, что он идет без энергетических затрат и далеко не все белковые продукты образованные рибосомой будут подвергаться разбору.

При таком подходе становится понятно, что и рибосома и все аминоацилтрансферазы (кодосомы) имеют общее происхождение. Все современные тРНК имеют одинаковую нуклеотидную последовательность в аминоакцепторной зоне. Это - ССА на 3/-конце, куда присоединяется аминокислота под действием АСР-аз. Такое совпадение не случайно и маловероятно, чтобы в одно и тоже время появилась группа молекул с одинаковыми каталитическими свойствами и с одинаковым сродством к одной и той же части субстрата. Строение главной части рибосомы 23S-рРНК показывает, что она состоит из самостоятельных структурных блоков, их можно «разобрать», не нарушая структуры оставшихся блоков. После разбора остается небольшой самостоятельный фрагмент молекулы, ответственный за транспептидацию. Считается, что в ходе эволюции к нему добавлялись новые строительные блоки (Bokov, Steinberg, 2009). Важным моментом становится то, что этот фрагмент состоит двух симметричных лопастей, и мог образоваться только в результате дупликации одной из частей. Учитывая это обстоятельство, можно с большой уверенностью полагать, что и аминоацилтрансферазы (кодосомы) и каталитический домен рибосомы образовались от одной молекулы, которая просто продублировалась с некоторыми изменениями. Это и привело с одной стороны к образованию каталитических структур, наделенных специфичностью в отношении субстратов, т.е. к кодосомам, а с другой, к молекуле неспецифичной к субстрату, но с большим активным центром, который стал вмещать дополнительную (инструкторную) молекулу, а реакцию проводить только при правильном соответствии нуклеотидов. Кроме того, эта молекула стала опосредованно проводить гидролиз, т.е. она стала осуществлять все то, что характерно для рибосомы.

Следует особо подчеркнуть, что при таком подходе для возникновения жизни нужна только одна молекула с нужными каталитическими свойствами, которая должна попасть в условия примитивной, часто ошибочной репликации. Причем, как бы странным это не казалось, нужна именно ошибочная репликация, поскольку только она может дать молекулы с разнообразным сродством к субстрату, и в тоже время сохранит «правильное» строение в каталитической части. Вопрос в том, возможна ли репликация без информации о ней? Как это ни странно, такая возможность существует, есть данные, подтверждающие существование примитивной репликации (Orgel, 1992; Ekland, Bartel, 1996). Она может идти на минеральной подложке или при участии белков, даже, если те образуются случайно. В рамках концепции «мира РНК» предполагается, что РНК сама может реплицировать РНК. Вообще в нашей ситуации не имеет значение, как достигается репликация, важно только то, что это редкое явление существует как таковое.

Вернемся к кодосомам, они обязаны различать, по крайней мере, два из трех нуклеотида в антикодоне. Можно считать, что доисторическая вырожденность генетического кода была обусловлена либо разнообразием кодосомных молекул, либо полным отсутствием информационного значения у третьего нуклеотида в триплете. Каким бы вариантом ни определялась вырожденность, она все равно делает генетический код достаточно подвижным, что становится выгодно для его дальнейшей эволюции. Получается, что природа имеет возможность перебирать варианты генетического кода и делать она это может до первого успешного нуклеотидного сочетания среди инструкторных молекул – гена репликации! Только ген репликации, среди множества других иРНК может остановить случайный перебор различных вариантов кодирования. Это произойдет в результате того, что после «находки» рибосомой этого гена система вынуждена кардинально измениться, так как после его появления все белки и нуклеотиды, которые будут находиться в среде, будут просто переработаны в составные части Прогенота, размножая его и прекращая тем самым случайный перебор других вариантов кодирования. Можно даже сказать, что рождение жизни начинается с момента появления молекулы с пептидилтрансферазными каталитическими свойствами, продолжается при примитивном копировании и окончательно свершается при появлении единственной молекулы, содержавшей информацию о копировании, т.е. единственного настоящего гена.

Выходит, окончательный акт рождения зависит от появления гена репликации. Конечно, событие это не частое, и видимо, есть определенная вероятность его появления. Пожалуй, здесь будет уместным провести следующую аналогию. Предположим, мы ищем какое-то слово «WORD», но нам не важно буквенное сочетание, нам важен смысл, которое оно означает. В таком случае «WORD» будет иметь множество синонимов – молекул с аналогичной функцией. Оно также будет звучать на различных языках – различных вариантов генетического кода, и в каждом языке будет находиться своё множество синонимов. Безусловно, определенная вероятность событий есть, но она в этом случае будет напоминать уже не "поиск иголки в стоге сена", а, скорее, "поиск крупного предмета в сене". При таком подходе и при таких событиях, происхождение жизни становится совершенно неизбежным событием, которое зависит только от времени существования самой системы.

Вернемся к вопросу искусственной жизни. Мы можем использовать рибосомный центр для создания различных аминоацилтрансфераз (кодосом). Так, можно реконструировать систему и получить первый искусственный Прогенот с собственным генетическим кодом и потенциалом к эволюции. Он будет состоять фактически из РНК, в его состав будет входить группа кодосомных молекул, рибосома, тРНК, ген репликации. Продуктом деятельности станет белок – фермент репликации, который будет копировать все составные части. Эта самая простая и жизнеспособная система, она функционирует только за счет смещения химического равновесия системы: пептидная ↔ сложноэфирная связь (система «собирает» и «разбирает» белки). В этом она полностью зависит от среды и условий. Все это представляется реальным в осуществлении. Трудность состоит только в подборе подходящей среды.

Вообще, среда – это одно из самых загадочных явлений проблемы. Она является обязательным компонентом жизнетворения, и должна выполнять ряд функций изначально несвойственных Прогеноту, но совершенно необходимых для его существования. Очевидно, что она имеет сложный химический состав, понять который можно только при исследовании функций. Перечислим свойства среды:

1. Она должна быть гигроскопичным материалом.

2. Она должна отвечать за правильное формирование полинуклеотидов. В естественных условиях эту роль могли выполнять минералы. Известно, что олигонуклеотиды могут образовываться на твердой подложке с различными минералами: карбоната кальция, каолинита, цеолита и т.д. (Кернс-Смит, 1985). За счет дефектов в своей структуре, они могут способствовать правильной ориентации реагирующих компонентов, что обеспечивает синтез небольших олигонуклеотидов. Есть основания полагать, что минеральная подложка может быть ответственна за формирование нуклеотидного остова только из правовращающихся сахаров, т.к. минералы могут адгезировать молекулы с определенной оптической активностью. Следует отметить, что в отношении оптической активности аминокислот складывается совершенно иная ситуация: все кодосомы имеют общее происхождение, поэтому они могут просто «унаследовать» оптическую активность к субстрату. В таком случае, рибосома просто будет обязана собирать белки из хирально чистых аминокислот. Это вполне правдоподобно, т.к. активный центр, распознающий иной оптический изомер, должен иметь принципиально иное строение.

3. Среда должна обеспечивать регулярное смещение равновесия «пептидная « сложноэфирная связь». Существует много причин колебания равновесия, но две из них особо привлекают своей простотой: колебания гигроскопичности среды и

термозависимая абсорбция ингредиентов.

4. Среда обязана непрерывно производить неспецифические белковые/пептидные молекулы. Они будут донорами аминокислот в аминоацилировании тРНК, что в свою очередь будет обеспечивать аминокислотами уже специфический синтез белка на матричной основе. Неспецифические белки/пептиды могут образовываться регулярно, спонтанно, из аминокислот при высыхании среды и повышении температуры. Их синтез может идти при относительно небольшом повышении температуры. Так, если смесь безводных аминокислот содержит фосфаты, то полимеризация идет при 65°С, причем полученные таким способом белки имеют хоть и слабые, но многочисленные каталитические свойства (Фокс, Дозе, 1975). Последнее обстоятельство означает, что среда не может содержать все виды органических молекул, которые существуют в живых организмах, так как их одновременное наличие в среде позволяло бы существовать сразу всем видам каталитических реакций в случайно образованных белковых структурах, что представляло бы собой настоящий метаболический хаос, который невозможно организовать. Поэтому, первоначальный состав среды должен быть именно таким, который будет обеспечивать протекание реакций преимущественно трансферазного характера.

Почти все ферменты для проявления каталитической активности нуждаются в коферментах и/или в ионах металлов. Целый ряд из существующих ферментов в отсутствии кофакторов активностью вообще не обладают. Если молекула белка при случайном образовании получит «удачную» с точки зрения структуру, с потенциальной каталитической активностью, то её активность все равно будет зависеть от состава среды. В результате состав среды формирует «направленность» процесса, он способен исключать возможные, но ненужные реакции, даже если эти молекулы образуются случайно.

Отдельного внимания заслуживают гидролитические ферменты. Они не нуждаются в коферментах, однако, каталитический гидролиз на раннем этапе должен отсутствовать, т.к. его деятельность будет уничтожать все достижения системы. Анализ структур активных центров гидролаз показывает, что, несмотря на огромное разнообразие типов субстратов, катализируемых гидролазами, число типов структур активных центров гидролаз весьма ограничен (Варфоломеев, Пожитков, 2000). В каждом центре есть свои необходимые аминокислоты, такие, как серин, гистидин, аспарагиновая, глутаминовая кислота. Для некоторых обязательны ионы металлов, такие как Zn^{2+}; Co^{2+}; Ni^{2+}; Mg^{2+}; Mn^{2+}. Выходит, что механизм каталитического гидролиза формирует фактически один и тот же набор инструментов, и отсутствие какой-то части набора будет минимизировать возможность гидролитической активности в случайно образованных белковых структурах.

Все перечисленные свойства может удовлетворить только «твердая» среда, периодически накапливающая влагу. Вообще, многие органические соединения, в особенности эфиры фосфорных кислот представляют собой сильно гигроскопичные соединения. Они способны поглощать влагу из атмосферы, что при естественных условиях биогенеза означает существование циклов «дня и ночи». Такое событие вполне правдоподобно, поскольку концентрация водяного пара в доисторическом периоде, как принято считать, была высокой. Трудно поверить в другое – в обратимый синтез белка и полинуклеотидов, в то, что эти процессы когда-то шли при небольших энергетических затратах. Мы действительно этого не наблюдаем ни в одном живом организме. Но мы и не можем это наблюдать. Изменение условий среды, выход из неё и переход к более эффективным способам получения энергии, несомненно, уничтожили все ключевые механизмы раннего этапа биогенеза, поэтому в настоящее время существование обратимых реакций в синтезе жизненно важных молекул становится просто не допустимым явлением.

3. Чудо, которое хочет жить

Прогенот – это, прежде всего, самодостаточная и самореплицирующаяся система, которая может формироваться только в обратимых процессах. Вся его деятельность – это балансирование в линейных, взаимозависимых реакциях. Только обратимые реакции могут стать причиной формирования автокаталитической, реплицирующей системы. Это одно из фундаментальных основ жизнетворения, и оно же является основой его раннего существования. Вопрос в том, что может обеспечить жизнеспособность Прогеноту? Что лежит в основе его эволюции? И за счет каких причин он подвергается молекулярному, естественному отбору?

Рассмотрим подробно функционирование Прогенота. В его состав входят следующие элементы:

1. Несколько аминоацилтрансферазных молекул. Они состоят из РНК, имеют общее происхождение, осуществляют обратимое аминоацилтрансферирование – переносят определенную аминокислоту с N-конца пептида на тРНК, содержащую определенную нуклеотидную последовательностью в антикодоне;
2. Рибосома имеет общее происхождение с аминоацилтрансферазами. Но обладает отличием: переносит не аминокислоту, а пептид (пептидилтрансферирование), не различает субстрат, осуществляет реакцию только в присутствии дополнительной молекулы и только при правильном соответствии её нуклеотидов с нуклеотидами антикодона, кроме того она индуцировано гидролизует эфирную связь в пептидил-тРНК;
3. Ген репликации – одна из дополнительных молекул, в которой последовательность нуклеотидов стала информацией для первичной структуры реплицирующего фермента;
4. тРНК – переносчики аминокислот;
5. Фермент репликации – продукт трансляции, реплицирует все составные части Прогенота;

Реакции, которые осуществляет Прогенот – это реакции обратимого типа (исключение – рибосома), их направление определяется концентрацией участвующих метаболитов. В отличие от существующего синтеза белка, эти реакции идут без значительных энергетических затрат, что дает возможность при обратимости формировать взаимозависимость – продукты одной каталитической системы становятся субстратом для другой. Может стать приемлемым следующий вариант функционирования системы: при снижении температуры «разбираются» белки и пептиды, накапливаются аминоацил-тРНК, при повышении температуры идет синтез белков и пептидов, дальнейшее повышение – к репликации. Момент для репликации удобный, т.к. она облегчается температурой.

Если репликация и синтез олигонуклеотидов шли при незначительных энергетических затратах, то они должны были быть обратимыми. Свидетельство тому можно увидеть в строении молекул. Так, причина «клеверного листа» тРНК прекрасно описывается игрой Эйгена (Эйген, 1973). Если последовательно бросать четырехгранную кость с гранями А, У, Г, Ц и записывать случайно выпадающую последовательность оснований, а потом, используя правило спаривания оснований, выбрать именно тот способ складывания, который будет обеспечивать максимальное возможное число комплиментарно спаренных участков, то почти всегда будет формироваться структура «клеверного листа», поскольку именно такая структура более гибкая и дает большее число комбинаций. Получается, что строение тРНК есть нечто иное, как основной мотив строения тех молекул, которые были образованы случайно в обратимых реакциях.

Для функционирования системы важным становится то обстоятельство, что не все синтезируемые на рибосоме белки подвергаются разбору. Часть белков имеют компактную структуру с большим количеством внутренних связей. Они недоступны для «разбора». Кроме того, некоторые молекулы РНК так же не попадают под «разбор». Это те, которые имеют кольцевое строение, подобно кольцевым хромосомам или плазмидам. Получается, что, если такие молекулы будут представлять Прогенот, то он получает возможность избегать саморазрушения и накапливает свои многочисленные копии. Хотя, конечно, последние будут накапливаться с молекулами аналогичного строения.

Несколько иная ситуация складывается с олигонуклеотидами, транспортирующими аминокислоты. Такие молекулы должны подвергаться изменениям – реакциям добавления и удаления нуклеотидов. Но в аминоацилированом состоянии, при соблюдении полярности как специфических, так и неспецифических каталитических систем, положение аминокислоты затрудняет изменения. Получается, что те олигонуклеотиды, которые уже участвуют в синтезе белка, минимум в два раза меньше подвержены изменениям по сравнению с другими. Это преимущество позволяет накапливать молекулы, которые будут способны участвовать в белковом синтезе, даже в том случае, если они образуются совершенно случайно. Просто удивительно, как специфический синтез белка отражается на строении молекул – там, где он возникает, идет постепенное превращение всех коротких олигонуклеотидов в тРНК однотипного строения. Все эти события взаимозависимы, и они возможны только при игре по «сбору-разбору» материала.

Выходит, что те молекулы, которые уже участвуют в специфическом синтезе белка, обладают определенной выгодой –

они менее изменяемы по сравнению с другими. Это позволяет им существовать и создавать автокаталитический цикл даже при примитивной и незначительной реплицирующей способности. Микроскопические скопления воды в гигроскопичной среде, содержащие компоненты этой системы, будут легко переносить её составные части при делении и слиянии водяных капель. Это позволяет процессу распространяться и занимать новые области, богатые субстратом. Всякий раз, когда Прогенот попадает в новые области среды, в них тут же вовлекаются новые молекулы. Ситуация чем-то напоминает инфицирование – туда, куда попадает Прогенот, идет неминуемое копирование его компонентов. Это истощает субстрат – неспецифическое образование белка заменяется на специфический, подконтрольный синтез. И, если каталитические реакции неспецифических белков имели значение для биогенеза (например, осуществляли примитивную репликацию), то появляется ответ на вопрос: почему жизнь одна? Возникнув однажды, она просто не оставляет никаких шансов для возникновения другой.

Вообще, белок, участвующий в такой системе, можно разделить на три группы.

1. Неспецифические молекулы – в основном, пептиды беспорядочного строения. Они образуются при термическом синтезе и выступают донорами аминокислот тРНК;
2. Неспецифические полипептиды – образуются и разбираются аминоацилтрансферазами (кодосомами);
3. Специфические белки – синтезируются рибосомой. Последняя группа будет делиться на те, которые могут выступать субстратом для «разбора» и те, которые для него недоступны. Подобное деление приводит к реализации эффектов только функциональных белков, а, следовательно, в дальнейшем и к сохранению информации об их строении. Возникает механизм отбора эффективных генов. Кроме того, в такой ситуации получается, что все функциональные белки Прогенота просто обязаны быть компактными и термостабильными белками.

Построение филогенетического древа микроорганизмов, проведенное К.Вузом и сотрудниками, по рибосомным РНК указывает на то, что в основании древа располагаются гипертермофильные микроорганизмы, которые разошлись от общей гипотетической предковой формы (Woese, Fox, 1977; Woese, et al., 1990). Реконструкция её главных характеристик указывает на то, что предок был гипертермофильным организмом, он свободно обменивался генетическим материалом (Woese, 1998). Последнее обстоятельство идеально удовлетворяет гигроскопичная среда – за счет временных, непостоянных скоплений воды, Прогенот свободен в перемещении и переносе содержимого. Такая непостоянная дискретность – очень простое явление, оно определяется средой, что облегчает проблему – нет необходимости иметь мембраны и в тоже время дает достаточную свободу в перемещении содержимого.

Описанный Прогенот – это самая настоящая предбиологическая форма жизни. С одной стороны, к свойствам живого его можно отнести за счет наличия авторепликации – способности сохранять себя и передавать информацию поколениям; его примитивная репликация позволяет ему совершать множество ошибок, которые могут накапливаться и проявляться значимыми изменениями. С другой стороны, предполагаемый Прогенот не имеет своей собственной энергопроизводящей системы, он не способен противостоять изменениям, и его деятельность полностью зависит от природных периодически повторяющихся явлений – главным из которых становится температурное колебание. Оно обеспечивает его регулярным фосфорилированием субстратов, регулярным образованием неспецифических белков/пептидов (доноров аминокислот), и, наконец, периодическое колебание температуры приводит к периодическому смещению равновесия в основополагающих реакционных процессах.

Ранний Прогенот – это крайне уязвимая система, она полностью зависима от среды и неспособна противостоять её изменениям. Вопрос в том, что может повысить надежность процессов? Ответ в данном случае очевиден – энергетический обмен. Можно считать, что энергетическое обеспечение Прогенота шло своим эволюционным путем. Оно было не только тесно связано с развитием Прогенота, но и определяло его. При этом наиболее вероятными представляются следующие этапы энергетического обеспечения Прогенота:

1. Использование готовых фосфорилированных продуктов.
2. Использование неорганических полифосфатов.
3. Генерация и использование АТФ.

Спонтанное фосфорилирование субстратов ведет к образованию продуктов с небольшим запасом энергии, что означает существование обратимых реакций. Неорганические полифосфаты – это линейные молекулы ортофосфорной кислоты, в которых фосфорные остатки, как и в молекуле АТФ, связаны макроэргическими фосфоангидридными связями. Эти молекулы богаты энергией, и они могут служить её источником для многих реакций. Неорганические полифосфаты обнаружены практически во всех организмах (Кулаев, 1975). Установлено, что у эволюционно древних бактерий некоторые реакции идут с использованием неорганических полифосфатов вместо АТФ, как это делают современные бактерии. Принято считать, что первые живые организмы использовали высокомолекулярные полифосфаты для биоэнергетических функций и только потом стали использовать АТФ (Кулаев, 1975b; Кулаев, 1996). Образование неорганических полифосфатов идет при нагревании сухой смеси, что совпадает с условиями термического синтеза белка. Получается, что Прогенот при наличии цикла «дня и ночи» может приобретать сразу два важных продукта.

Возможно, что ранний Прогенот одновременно имел возможность использовать в синтетических процессах любые доступные фосфаты, как высокоэнергетические фосфаты – полифосфаты, так и низкоэнергетические – различные фосфорилированные соединения. Но преимущества в использовании макроэргических фосфатов очевидны – только они способны трансформировать процесс из обратимого в необратимый. Этот момент становится ключевым при смене условий существования Прогенота, т.к. именно смена условий существования Прогенота сделает недоступным ранее успешное получение энергетически ценных фосфатов. В результате чего одним из условий выхода Прогенота из среды становится необходимость перехода на иной энергетический источник, а, значит, и на иные системы его генерации, которые будут уже доступны для него в новых условиях.

Уход от температурной зависимости нашелся в виде какой-то одной, пока еще единственной химической реакции, сопряженной с образованием АТФ. Переход на химический источник энергии стал для Прогенота величайшей «находкой», он изменил ход основополагающих процессов. Именно он позволил Прогеноту перейти на необратимый синтез белка и полинуклеотидов. Он расширил метаболизм и сделал его независимым от ранних условий существования – это первая предпосылка к выходу из среды.

Получается, что Прогенот изменялся и приспосабливался неоднократно. Но тогда возникает вопрос: каковы генетические возможности гибкости и приспособляемости Прогенота? Прогенот – это самовоспроизводящаяся система, которая бесконечно создает свои копии. Но эта система несовершенна, она с определенной периодичностью дает сбои. Измененные молекулы также структурированы, они копируются и накапливаются в среде. Кроме того, накопление разнообразного генетического материала идет в результате объединения цельных полинуклеотидных молекул и их фрагментов, а также в результате вырезания и утраты какой-то части генетического материала. Как известно, реакции по обмену генетическим материалом могут проходить самостоятельно, без участия специализированных ферментов (Chetverina et al., 1999). Все это способствует накоплению различных молекул. Эти молекулы – своего рода библиотека нуклеиновых кислот, которая нестабильна и части которой разбросаны по всей области среды. С ними могут проходить различные изменения, но ни одно из них не приводит к какому-либо ущербу для репликации. Это связано с тем, что продукты их трансляции – белки, в которых также сохраняется ограниченная каталитическая активность. Получается, что какие бы молекулы не синтезировались, каким бы строением они не обладали, они все равно будут иметь ограниченный набор каталитических реакций. Ситуация напоминает изначальное положение вещей, когда в условиях термического синтеза могли образовываться различные белковые молекулы, но каким бы строением они не обладали, они все равно в силу отсутствия в среде различных ионов, кофакторов и неполного аминокислотного состава, будут иметь только определенные виды каталитических реакций. Различия в ситуациях заключаются в том, что при неспецифическом термическом образовании белка строение молекул повторить фактически не возможно, тогда как во втором случае они легко воспроизводимы, поскольку это уже не просто белки, а продукты определенных генов.

С этого момента становится понятна дальнейшая судьба Прогенота – стратегия его молекулярной эволюции. Теперь, при наличии геномной библиотеки, части которой разбросаны по всей области среды, Прогенот приобретает способность противостоять любым неблагоприятным факторам. Попадание какой-либо органической молекулы или иона металла в среду, где обитает Прогенот, будет приводить к открытию новых, ранее не существовавших каталитических реакций. За счет огромного разнообразия белковых структур появляется огромное разнообразие реакций. И, фактически, все эти реакции будут приводить к уничтожению Прогенота. Уничтожение распространяется по всей среде по мере распространения губительного фактора. Но за счет наличия у Прогенота «геномной библиотеки», появляется возможность найти в какой-то части среды именно тот Прогенот, который будет содержать подходящий ген. Продукт подходящего гена – это белок, в котором хоть и откроется какая-то каталитическая активность (что почти обязательный атрибут для третичных структур), но она позволит сохранить саморепликацию. Этот Прогенот выживет, а «удачный ген/гены» станет его неотъемлемой частью, он размножится по всей среде и будет вновь готов к встрече уже с другим неблагоприятным фактором. Такое событие повторяется неоднократно, и каждый раз находится среди огромной массы ненужных генов подходящее генетическое решение, которое становится его составной частью, неизбежно открывая для него новые каталитические реакции, усложняя его деятельность. Формируется забавный феномен – с какими бы трудностями ни сталкивался бы Прогенот, он все равно находит гены «выживания». Можно сказать, что в этом заключается настоящее бессмертие Прогенота – обладание потенциальной информацией сводится к её бесконечному поиску. В этом суть и основа понимания генетической селекции.

Открытие каталитических реакций идет параллельно с процессом самоорганизации. Множество каталитических реакций формируют метаболические пути, но из всего этого разнообразия будут сохраняться только удачные варианты организации, те, которые дают не только выжить Прогеноту, но и позволяют достаточно эффективно конкурировать за субстрат с другими вариантами организаций Прогенотов. К сожалению, постоянные изменения в молекулах не дают возможность проследить последовательность развития метаболизма. Вероятно, мы никогда не узнаем весь ход исторических событий. Сейчас важнее другое – возможность воспроизведения индуцированного раскрытия метаболизма в лабораторных условиях. Таким путем можно «обучать» Прогенот, давать ему возможность «созревать» в среде и проходить различные этапы развития.

Эффективность случайного подбора генов не вызывает сомнений. Природа часто демонстрирует нам высокую эффективность метода подбора генов «вслепую». Достаточно вспомнить пример с иммуноглобулинами: на любой чужеродный агент синтезируется подходящая белковая молекула. Но организм не имеет заранее подходящего гена, он его создает из весьма ограниченного набора, их общее количество около 700. Их случайная комбинация создает около 25 миллионов вариантов строения белка, и это только за счет непосредственного соединения генетических сегментов (Ройт, 1991). При этом, даже не учитывается все вообразимое разнообразие комбинаций сплайсинга, смещения рамки считывания, ошибки репликации и комбинации отдельных генетических фрагментов! Очевидно, что подходящий ген для Прогенота, среди огромного разнообразия генетического материала, будет находиться всегда, причем, очень быстро и даже не один.

Этот далекий от темы пример демонстрирует нам не только эффективность подбора генов «вслепую», но и эффективность самого принципа генообразования – образование новой молекулы путем комбинаций старых. Различия в примерах только в том, что иммуноглобулины образуются при комбинации молекул с участием специализированных структур, тогда как гены Прогенота комбинируются при спонтанных неконтролируемых реакциях. Последнее означает, что в условиях описанного отбора поиск новых вариантов строения генов будет идти в результате перетасовки уже отобранных и проверенных в работе генов. Такому свидетельству служат многочисленные повторы одинаковых белковых доменов в разных по функции белках.

4. Цена свободы

Если рассуждения верны, то возникает вопрос: почему рибозимные аминоацилтрансферазы (кодосомы) заменились на белковые аминоацил-тРНК-синтетазы (АРС-азы)? Это необходимое условие закладывается по определению с самого начала формирования Прогенота. Только в случае полной замены кодосом на белковые молекулы, которые будут давать аналогичные продукты, но полученные уже иным путем, не связанным с условиями функционирования системы, Прогенот приобретет независимость от среды и может её покинуть.

Будем исходить из того, что Прогенот «нашел» подходящую энергогенерирующую реакцию и перешел на новый энергетический источник – АТФ. Вероятно, первоначальная роль АТФ – это роль донора макроэргического фосфата в репликации. Такой Прогенот имеет преимущество – его репликация идет постоянно, вне зависимости от условий функционирования системы. Он доминирует и занимает всю область среды. АТФ становится обязательным его компонентом, и он может использовать её в других целях. Теперь, если Прогенот найдет удачную белковую молекулу, которая будет выполнять функцию какой-либо кодосомы, то он непременно сохранит этот ген. Получается, что замена кодосом на белки – это, прежде всего, длительный процесс. Кодосомы вполне функциональны, их замещение, по сути, превращается в простое накопление молекул с «удачным» строением. Следовательно, все АРС-азы будут иметь совершенно разное строение! В действительности именно это мы и наблюдаем – все существующие АРС-азы чрезвычайно разнообразны в строении. Фактически их классификация основывается на функциональных свойствах. Более того, для всех АРС-аз антикодон тРНК уже не будет являться обязательным элементом распознавания. И вновь мы видим подтверждение. Как известно, для АРС-аз элемент распознавания может находиться на любом участке тРНК (Лаврик, 1996; Энтелис, 1998).

Замена аминоацилтрансфераз на АРС-азы должна быть в целом выгодна процессу. Очевидно, это связано с тем, что образование аминоацил-тРНК в АРС-азах идет через промежуточный продукт - аминоацил-АМФ, т.е., через формирование ангидридной связи с очень высоким энергетическим значением ($\Delta G° = -49$ кДж•моль$^{-1}$). Такая реакция требует затрат двух макроэргических фосфатов, хотя конечный продукт аминоацил-тРНК приобретает эфир с гораздо меньшим энергетическим значением. В этом новом пути образования аминоацил-тРНК при параллельном гидролизе пирофосфата, мы наблюдаем энергетический барьер, который делает синтез белка «дорогой одностороннего движения».

Что произойдет, если Прогенот находит подходящую молекулу (подходящий ген кодирующий АРС-азу), т.е. молекулу которая выполняет аналогичную функцию какой-либо кодосомы? Кодосома в этом случае сама начинает использовать общий субстрат – синтезирует неспецифический полимер. Выход из такой ситуации только один – необходимо «потерять» кодосому, что может произойти при спонтанных, неконтролируемых реакциях.

Прогенот, который «нашел» подходящую АРС-азу и «потерял» соответствующую кодосому, имеет явные преимущества – он активно поглощает субстрат (аминокислоты) и в этом он независим от системы. Другие Прогеноты, в таком случае, будут просто обречены на «голодное» вымирание. Это поведение напоминает рост бактериальных колоний. Его итогом становится постепенное замещение всех кодосом на более успешные молекулы, такие, как АРС-азы. Так, шаг за шагом, Прогенот «находит» подходящую АРС-азу и теряет соответствующую кодосому. Конечно, в такой ситуации поиск удачных молекул идет «вслепую», перебирается огромное количество различных вариантов, в том числе и вариантов кодирования. Большая часть из этих вариантов будет представлять несостоятельные комбинации, ведущие к гибели. Однако, если появится «удачный» вариант, он размножается и в его многочисленных копиях будет вновь идти поиск удачной замены. Так повторяется неоднократно – эволюция ведет к медленной, но неизбежной замене кодосом на аналогичные, более эффективные АРС-азы.

Следует отметить два важных обстоятельства. Во-первых, новый путь образования аминоацил-тРНК дает возможность включать в систему кодирования новые аминокислоты, которые могут быть продуктами уже «раскрытого» метаболизма, что может реализовываться по трем основным направлениям:

1. новые аминокислоты могут просто занимать вакантные места, свободные от кодирования. Количество таких мест на раннем этапе должно быть значительным, т.к. первичный генетических код мог основываться на небольшом числе кодосомных молекул.

2. новые аминокислоты за счет сходства строения со старыми могли просто захватывать тРНК уже у существующих аминокислот, одновременно с их кодонами. Реализация такой возможности подтверждается корреляцией у метаболически зависимых аминокислот.

3. в результате увеличения значимости третьего нуклеотида. В современном генетическом коде информационная нагрузка в триплете распределена не одинаково – большее значение имеет второй, наименьшее третий. Принято считать, что в раннем периоде третий нуклеотид вообще не имел никакого значения. Для Прогенота с кодосомами это было выгодно – при небольшом числе кодосом он мог прочитывать большое количество генов, но при

замене кодосом на АСР-азы становится выгодно получать больше информации от генов.

Во-вторых – постепенная замена действующих кодосом дает возможность перебирать различные варианты генетического кода и выбрать из них наиболее удачный вариант из всех возможных. Так формируются условия эволюции генетического кода. Подтверждение тому мы наблюдаем при компьютерном моделировании кода. Результаты компьютерного моделирования показывают, что генетический код явно эволюционировал. Так, при сравнении существующего генетического кода с гипотетическими альтернативными вариантами, устанавливается его важное свойство – он минимизирует последствия ошибок, возникших в самих генах или в процессе трансляции (Фриленд, Херст, 2004).

Но если произошла замена кодосом на АСР-азы, то почему на белки не заменилась рибосома или тРНК? Заменить тРНК на белки, выполняющие транспортную функцию решительно невозможно – любые изменения полностью подрывают систему кодирования. Что касаемо рибосомы, то теоретически её функцию мог бы взять на себя белок. Но, вероятно, трудность оказалась в том, что появления одной «удачной» молекулы недостаточно, чтобы конкурировать за субстрат, она должна превосходить предшественника по каталитической активности. Судя по всему, рибосома очень рано приобрела факторы элонгации, а более эффективной структуры, чем та, которая уже осуществляла этот процесс с избытком энергией в -60 кДж•моль,$^{-1}$ просто не нашлось. В результате, эволюция рибосомы пошла иным путем – она стала наращивать количество белковых помощников.

После получения энергетической независимости от среды и окончательной замены всех аминоацилтрансфераз на АСР-азы, Прогенот можно назвать «созревшим». Он уже имеет развитую систему метаболизма, необходимо только одно – сформировать собственную мембрану, что станет концом существующей проблемы. Очевидно, что выход из среды в такой ситуации может осуществляться длительное время, и он может быть неоднократным. Обособление генетического материала, а так же смена условий существования, стимулирует индивидуальное развитие. При этом каждый «выходец» имеет возможность развивать индивидуальные биохимические пути, однако все они будут иметь общие основополагающие биохимические механизмы, т.е., все они будут иметь одного общего предка – LUCA (от английского Last Universal

Common Ancestor - последний универсальный общий предок). В таком случае, формирование собственной мембраны может проходить разными путями. Это объясняет факт различий в мембранах двух основных царств: бактерий и архебактерий. Вполне возможно, что среда по частям растворялась в воде, неоднократно высвобождая самоорганизованные, жизнеспособные формы. Если исходить из построений глобального древа всех таксонов биологического мира, то можно считать, что выходцев, сохранивших своих потомков до наших дней, оказалось трое. Все они одинаково равноудалены друг от друга и составляют три крупнейшие ветви эволюционного древа.

Отдельного внимания заслуживает феномен самоорганизации. Это явление спонтанное, оно непредсказуемо, и каждый раз может идти новыми путями. Соблюдается простой принцип – сохраняется первая удачная комбинация функций, та, которая даёт возможность сохранить первичный структурно-информационный узел. По существу, отсутствует целый этап эволюции, который должен идти от молекулярного уровня и заканчиваться уровнем надмолекулярных структур, клеточных органоидов и клетки. При самоорганизации идет бесконечная генерация различных комбинаций функциональных блоков. Но выбор будет сделан только на первом удачном варианте, на том, который при смене условий среды позволит самостоятельно существовать Прогеноту, как отдельной биологической единице. Нам трудно поверить в это явление, мы наблюдаем и воспринимаем молекулярный и регуляторный уровень организации клеток, как единственный из всех возможных вариантов. Хотя правильней было бы считать, что это не единственный вариант, а всего лишь один из многих.

Изложенная теория очень простая, ей следовало появиться еще на заре понимания основ в молекулярной биологии. Только эта теория способна объяснить причины целесообразного строения белка, механизм формирования генетического и белоксинтезирующего аппарата. Она объясняет главное – происхождение жизни как природный закон, который можно доказать экспериментально.

Литература

1. Варфоломеев С.Д., Пожитков А.Е., 2000. Активные центры гидролаз: основные типы структур и механизм катализа // Вест. Моск. Ун-та. Сер.2. Химия. Т.41. №3. С. 147-156.
2. Кернс-Смит А. Дж., 1985. Первые организмы // В мире науке. №8. С. 46-56.
3. Кулаев И.С., 1975 . Биохимия высокомолекулярных полифосфатов. М.: Изд-во МГУ. 248 с.
4. Кулаев И.С., 1975. Происхождение жизни и эволюционная биохимия / Под ред. Г.А. Деборина, Т.Б. Павловской, К. Дозе, С. Фокса. М.: Наука, 165-176 с.
5. Кулаев И.С., 1996. Неорганические полифосфаты и их роль на разных этапах эволюции // Соросовский Образовательный Журнал. № 2. С. 28-35.
6. Лаврик О.И., 1996. Механизмы специфического отбора аминокислот в биосинтезе белка // Соросовский Образовательный Журнал. № 4. С. 18-23.
7. Ленинджер А., 1985 . Основы биохимии: в 3-х т. Т. 3. М.: Мир. 320 с.
8. Ройт А., 1991. Основы иммунологии. М., 328 с.
9. 8.Спирин А.С., 1986. Молекулярная биология: Структура рибосомы и биосинтез белка. М.: Высш. шк., 303 с.
10. Спирин А.С., 1999. Принципы функционирования рибосом // Соросовский Образовательный Журнал. № 4. С. 2-9.
11. Фокс С, Дозе К., 1975. Молекулярная эволюция и возникновение жизни. М.: Мир. 374 с.
12. Фриленд С., Херст Л., 2004. Закодированная эволюция // В мире науки. №7. С. 54.
13. Эйген М., 1973. Самоорганизация материи и эволюция биологических макромолекул. М.: Мир. 224 с.
14. Энтелис Н.С., 1998. Аминоацил-тРНК-синтетазы: два класса ферментов // Соросовский Образовательный Журнал. № 9. С. 14-21.
15. Bokov K., Steinberg S.V., 2009. A hierarchical model for evolution of 23S ribosomal RNA // Nature. V. 457. P. 977–980.
16. Chetverina H.V., Demidenko A.A., Ugarov V.I., Chetverin A.B., 1999. Spontaneous rearrangements in RNA sequences // FEBS Letters. V. 450. P. 89-94.

17. Ekland E.H., Bartel D.P., 1996. RNA-catalysed RNA polymerization using nucleoside triphosphates // Nature. V. 382. P. 373-376.
18. Orgel L. E., 1992. Molecular replication and the origin of life. // Nature. V. 358. P. 203-209.
19. Woese C R., Fox G. E., 1977. Phylogenetic structure of the prokaryotic domain: the primary kingdoms // Proc. Natl. Acad. Sci. USA. V. 71. P. 5088-5090.
20. Woese C.R., Kandler O., Wheeliss M.L., 1990. Towards a Natural System of Organisms: Proposal for the Domains Archaea, Bacteria and Eucarya // Proc. Nat. Acad. Sci. USA. V. 87. P. 4576-4579.
21. Woese C.R., 1998. The universal ancestor // Proc. Natl. Acad. Sci. USA. V. 95. P. 6854-6859.

Серия: **ИНФОРМАТИКА**

Недосекин Ю.А.

Тест для проверки существования мышления у машины или программы

Аннотация

Представлены некоторые соображения автора статьи о мышлении и интеллекте. Изложен тест Тьюринга и критические замечания к нему. Автором предложен новый тест на выявление мышления у программы или машины, который проще и достовернее теста Тьюринга.

Содержание

В этой работе мы коснемся вопросов о понятиях искусственного интеллекта (ИИ) и о его идентификации в качестве мыслящего субъекта. Эта тема достаточно подробно освещена в многочисленных статьях и книгах, излагающих определения ИИ, его разумность и критерии ее проверки. С некоторыми достаточно подробными сведениями по данной теме можно ознакомиться на портале [1]. Изложим собственные соображения относительно понятия "искусственный интеллект" и его разумности. Затем приведем описание известного теста Тьюринга с многочисленными замечаниями к нему. В конце статьи опишем свой тест на проверку существования мышления у предполагаемого ИИ. Предлагаемый тест является проще и достовернее теста Тьюринга.

1. Некоторые соображения о мышлении и интеллекте

"Разумное поведение" любого типа (физического, психического, эмоционального, умственного и т.д.) некоторого устройства или программы (в дальнейшем везде - субъекта) не может идентифицировать его в качестве мыслящего (разумного) существа. Дадим свое определение ИИ:

искусственный интеллект – это способность субъекта мыслить

Способность некоторого субъекта к мышлению будет в дальнейшем использована нами для создания теста по его идентификации в качестве разумного (мыслящего) субъекта.

Может ли машина мыслить? – сакраментальный вопрос. Пока таких машин нет, а в принципе они возможны, надо их только сотворить. Надо работать над проблемой моделирования сознания, которое непосредственным образом связано с мышлением. Мышление не может быть не осознанным. Мышление возможно лишь только на основе использования некоторого языка, при помощи которого формируется мысль. Нет языка – нет и мысли. Поэтому животные, не знающие языка, не способны мыслить. Все их действия основаны на инстинктах и рефлексах.

Представления Декарта о существовании части человеческого разума (душа, дух), не подчиняющейся физическим законам [2], с современной точки зрения ошибочны. Все сущее в мире материально и потому подчиняется физическим законам. Любая сущность должна обладать некоторой структурой, которая не может быть нематериальной. А что такое нематериальная сущность? Это все слова, ничего не объясняющие. Мы исходим из того, что любая субстанция, существующая в мире, является материей.

Выбор целей и принятие решений не является критерием разума. Эти задачи прекрасно решаются в настоящее время при помощи соответствующих программ, работающих по жестким алгоритмам.

Может ли математическая логика лежать в основе создания искусственного разума? На этот вопрос мы отвечаем отрицательно. Во-первых, как и любая другая математическая дисциплина, математическая логика основана на некоторой системе аксиом и определений, использование которых приводит к однозначному результату, в то время как человеческий разум при одних и тех же предпосылках действует по-разному.

Во-вторых, мышление человека математическую логику не использует. Человек мыслит логически, но не при помощи элементов математической логики, а при помощи логических рассуждений, в основе которых лежат элементарные операторы умозаключений: так как …, то …; если …., то …; поскольку …, то …; чтобы …, надо … и т.п. Сами операторы приведенных умозаключений могут быть формализованы достаточно просто, но их содержимое определяется сознанием, которое в настоящее время не может быть формализовано или промоделировано.

Угадать или узнать как мозг осуществляет процесс мышления практически невозможно ввиду огромного числа его нейронов. Поэтому для моделирования мышления остается единственный путь – изобретательский. Точно таким же образом необходимо промоделировать и сознание, которое самым непосредственным образом связано с мышлением, о чем мы уже упоминали раньше.

Нельзя признать, что альтернативой клеточной природе разума является мистицизм [3], который ничего путного в этом вопросе не проясняет, кроме необоснованного утверждения о существовании некоего мистического пространства, в котором функционирует разум.

Нейроны и синапсы мозга действуют одновременно, а компьютер последовательно перебирает свои логические элементы. Может ли это обстоятельство препятствовать моделированию мышления и сознания при помощи компьютерных программ? Пока это неизвестно, но работы по моделированию сознания и мышления лучше всего производить при помощи физических конструкций, построенных на микросхемах.

Мозг, конечно, перерабатывает информацию, но только не так, как компьютер. Реализацию познавательной функции возможно не удастся осуществить при помощи компьютерных программ. Тогда остается путь аппаратной ее реализации.

Ранее мы уже высказывали свое мнение, что возможно на основе компьютера невозможно будет создать ИИ. Предпочтительным направлением действий для создания ИИ является аппаратная его реализация.

Мы рассматриваем ИИ в контексте его способности к мышлению. Поэтому системы, действующие оптимальным образом, не могут рассматриваться в качестве некоторых элементов ИИ.

Мы уже упоминали ранее, что мышление возможно лишь только при использовании некоторого языка, так как мысль формируется при помощи комбинации слов.

Поиск выбора решения в пространстве альтернативных состояний некоторой задачи, используемый в игровых программах, производится способом перебора этих состояний с учетом некоторых критериев. Утверждение, что такая техника лежит в основе человеческого способа решения задач, является неверным. Человек не перебирает множество вариантов вслепую, как это делают игровые программы. Действия игровых программ являются неосознанными ввиду отсутствия у них сознания и потому их нельзя считать разумными. Только отображение действий человека в его сознании приносит ему соответствующее удовлетворение в виде некоторых эмоций.

Полное понимание языка возможно лишь только при наличии сознания, тесно связанного с мышлением. Программы, не обладающие мышлением и сознанием, не способны к полноценному пониманию человеческого языка. Поэтому надо создавать именно такие программы с мышлением и сознанием, понимание языка у которых окажется врожденным и не требующим дополнительных программных средств. А это и будет по существу ИИ.

Так же как и при компьютерном понимании языка успешное решение задачи о компьютерном планировании возможно лишь только на основе использования мышления и сознания. Без этих категорий приходится использовать сложные математические методы, которые однако не приводят к полноценному моделированию простейших действий человека. В своих действиях роботы без сознания и мышления являются убогими и неуклюжими. Поэтому они и создаются для отдельных видов человеческой деятельности, что конечно является полезным в промышленности и в быту.

Самообучающиеся программы – дело хорошее, но в их основе лежат механистические действия. Это по существу автоматы, не осознающие свои действия.

Выпишем из [4] совокупность определений искусственного интеллекта.

Для подавляющего большинства людей искусственный интеллект – это мозг могущественных киборгов.

Для программистов искусственный интеллект – выражение, используемое для обозначения технологии.

Для ученых искусственный интеллект – неисчерпаемый источник интересных задач, открытий и научных степеней.

Искусственный интеллект – это форма интеллектуальности, искусственно воспроизводимая с помощью машин.

Искусственный интеллект – это набор академических методик, методов исследования и задач, которыми занимается отдельное научное направление.

Искусственный интеллект – это искусственно созданный аналог интеллектуальности, вырабатываемой мозгом человека как биологического существа.

Интеллект – это набор умений и навыков, которые позволяют людям решать задачи в условиях ограниченности ресурсов.

Искусственный интеллект – это набор определенных технологий и методик.

Искусственный интеллект – это научное направление, изучающее методы решения с помощью машин сложных задач, подобные методам, которые используются для решения таких задач людьми.

Из приведенных определений понятия "искусственный интеллект" следует, что в большинстве случаев под искусственным интеллектом понимают совокупность навыков и умений для решения всевозможных задач. Такими навыками и умениями обладает человек. Программисты пытаются смоделировать подобные навыки и умения в виде некоторых программ, способных решать многие задачи, решаемые человеком.

Человек формирует эти навыки и умения при помощи своего мышления и сознания.

Программы формируют те же навыки и умения при помощи сложных и жестких алгоритмов.

Этим человек и отличается от машины.

Рассуждения же о способности машины (программы) мыслить относятся совершенно к другому кругу задач, чем те, которые решает искусственный интеллект, определяемый указанными выше определениями.

2. Тест Тьюринга

Приведем описания текста Тьюринга, взятые из разных источников.

Тест Тьюринга из [5].

Тест Тьюринга – это тест, как следует из названия, предложенный Аланом Тьюрингом, для определения обладает ли машина интеллектом. Тьюринг решил, что нет смысла разрабатывать обширный список требований, необходимых для создания искусственного интеллекта, который к тому же может оказаться противоречивым, и предложил тест, основанный на том, что поведение объекта, обладающего искусственным интеллектом, в конечном итоге нельзя будет отличить от поведения таких бесспорно интеллектуальных сущностей, как человеческие существа. Компьютер успешно пройдет тест Тьюринга, если человек-экспериментатор, задавший ему в письменном виде определенные вопросы, не сможет определить, получены ли письменные ответы от другого человека или от некоторого устройства.

В тесте Тьюринга сознательно исключено непосредственное физическое взаимодействие экспериментатора и компьютера, поскольку для создания искусственного интеллекта не требуется физическая имитация человека. Но в так называемом полном тесте Тьюринга предусмотрено использование видеосигнала для того, чтобы экспериментатор мог проверить способности испытуемого объекта к восприятию, а также имел возможность представить физические объекты «в неполном виде» (пропустить их «через штриховку»).

Тьюринг предсказывал, что компьютеры в конечном счёте пройдут его тест. Он считал, что к 2000 году компьютер с памятью 1 миллиард бит (около 119 МБ) в ходе 5-минутного теста сможет обмануть судей в 30 % случаев. Это предсказание не сбылось.

Пока что ни одна программа и близко не подошла к прохождению теста Тьюринга. Такие программы, как Элиза (ELIZA), иногда заставляли людей верить, что они говорят с человеком, как, например, в неформальном эксперименте, названном AOLiza. Но такие «успехи» не являются прохождением теста Тьюринга. Во-первых, человек в таких беседах не имел никаких оснований считать, что он говорит с программой, в то время как в настоящем тесте Тьюринга человек активно пытается определить, с кем он беседует. Во-вторых, документированные случаи обычно относятся к таким чатам, где многие беседы отрывочны и бессмысленны. В-третьих, многие пользователи чатов используют английский как второй или третий язык, и бессмысленный ответ программы, вероятно, спишется ими на языковый барьер. В-четвертых, многие пользователи ничего не знают об Элизе и ей подобных программах и не могут распознать совершенно нечеловеческие ошибки, которые эти программы допускают.

Ежегодно производится соревнование между разговаривающими программами и наиболее человекоподобной, по мнению судей, присуждается приз Лебнера. Есть также дополнительный приз для программы, которая, по мнению судей, пройдет тест Тьюринга. Этот приз еще не присуждался. Самый лучший результат показала программа A.L.I.C.E., выиграв приз Лебнера 3 раза (в 2000, 2001 и 2004).

Несмотря на то, что прошло больше 50 лет, тест Тьюринга не потерял своей значимости. Но в настоящее время исследователи искусственного интеллекта практически не занимаются решением задачи прохождения теста Тьюринга, считая, что гораздо важнее изучить основополагающие принципы интеллекта, чем продублировать одного из носителей естественного интеллекта.

Тест Тьюринга из [6].

Тест Тьюринга – эмпирический тест, идея которого была предложена Аланом Тьюрингом в статье «Вычислительные машины и разум» (англ. Computing Machinery and Intelligence), опубликованной в 1950 году в философском журнале «Mind». Тьюринг задался целью определить, может ли машина мыслить.

Стандартная интерпретация этого теста звучит следующим образом: «Человек взаимодействует с одним компьютером и одним человеком. На основании ответов на вопросы он должен определить, с кем он разговаривает: с человеком или компьютерной программой. Задача компьютерной программы – ввести человека в заблуждение, заставив сделать неверный выбор».

Все участники теста не видят друг друга. Если судья не может сказать определенно, кто из собеседников является человеком, то считается, что машина прошла тест. Чтобы протестировать именно интеллект машины, а не её возможность распознавать устную речь, беседа ведется в режиме «только текст», например, с помощью клавиатуры и экрана (компьютера-посредника). Переписка должна производиться через контролируемые промежутки времени, чтобы судья не мог делать заключения, исходя из скорости ответов. Во времена Тьюринга компьютеры реагировали медленнее человека. Сейчас это правило необходимо, потому что они реагируют гораздо быстрее, чем человек.

Пока ещё ни одна из существующих компьютерных систем не приблизилась к прохождению теста.

К 1956 году британские учёные уже на протяжении 10 лет исследовали «машинный интеллект». Этот вопрос был обычным предметом для обсуждения среди членов «Ratio Club» – неформальной группы британских кибернетиков и исследователей в области электроники, в которой состоял и Алан Тьюринг, в честь которого был назван тест.

Тьюринг в особенности занимался проблемой машинного интеллекта, по меньшей мере, с 1941 года. Одно из самых первых его упоминаний о «компьютерном интеллекте» было сделано в 1947 году. В докладе «Интеллектуальные машины» Тьюринг исследовал вопрос, может ли машина обнаруживать разумное поведение, и в рамках этого исследования предложил то, что может считаться предтечей его дальнейших исследований.

Таким образом, к моменту публикации в 1950 году статьи «Вычислительные машины и разум», Тьюринг уже на протяжении многих лет рассматривал возможность существования искусственного интеллекта. Тем не менее, данная статья стала первой статьёй Тьюринга, в которой рассматривалось исключительно это понятие.

Тьюринг начинает свою статью утверждением: «Я предлагаю рассмотреть вопрос „Могут ли машины думать?“». Он подчёркивает, что традиционный подход к этому вопросу состоит в том, чтобы сначала определить понятия «машина» и «интеллект». Тьюринг, однако, выбрал другой путь; вместо этого он заменил исходный вопрос другим, «который тесно связан с исходным и формулируется относительно недвусмысленно». По существу, он предлагает заменить вопрос «Думают ли машины?» вопросом «Могут ли машины делать то, что можем делать мы (как мыслящие создания)?». Преимуществом нового вопроса, как утверждает Тьюринг, является то, что он проводит «чёткую границу между физическими и интеллектуальными возможностями человека».

Чтобы продемонстрировать этот подход, Тьюринг предлагает тест, придуманный по аналогии с игрой для вечеринок «Imitation game» – имитационная игра. В этой игре мужчина и женщина направляются в разные комнаты, а гости пытаются различить их, задавая им серию письменных вопросов и читая напечатанные на машинке ответы на них. По правилам игры и мужчина, и женщина пытаются убедить гостей, что все наоборот. Тьюринг предлагает переделать игру следующим образом: "Теперь зададим вопрос, что случится, если в этой игре роль А будет исполнять машина? Будет ли задающий вопросы ошибаться так же часто, как если бы он играл с мужчиной и женщиной? Эти вопросы заменяют собой исходный «Может ли машина думать?».

В том же докладе Тьюринг позднее предлагает «эквивалентную» альтернативную формулировку, включающую судью, который беседует только с компьютером и человеком.

Современная версия теста Тьюринга [7] представляет собой следующее задание. Группа экспертов общается с неизвестным существом. Они не видят своего собеседника и могут общаться с ним только через какую-то изолирующую систему – например, клавиатуру. Им разрешается задавать собеседнику любые вопросы, вести разговор на любые темы. Если в конце эксперимента они не смогут сказать, общались ли они с человеком или с машиной, и если на самом деле они разговаривали с машиной, можно считать, что эта машина прошла тест Тьюринга.

Вариант теста – это набор искаженных символов, который вводят пользователи при регистрации в различных интернет-сервисах. Даже подобный простейший тест современный компьютер, не смотря на его чудовищное быстродействие и бездонную память, проходит из рук вон плохо, что же говорить о том, чтобы компьютер мог разумно отвечать на любые вопросы!

3. Возражения против теста Тьюринга

Тест Тьюринга предполагает, что если машина (программа) пройдет его, то это будет означать, что машина является мыслящей. Возражений против такого вывода имеется достаточно много. Мы же ограничимся здесь перечислением некоторых из них ввиду невозможности охватить необъятное.

Приведем некоторые выдержки из статьи [6].

Пункт **1.4 Китайская комната**

В 1980 году в статье «Разум, мозг и программы» Джон Сёрль выдвинул аргумент против теста Тьюринга, известный как мысленный эксперимент «Китайская комната». Сёрль настаивал, что программы (такие как Элиза) смогли пройти тест Тьюринга, просто манипулируя символами, значения которых они не понимали. А без понимания их нельзя считать «разумными» в том же смысле, что и людей. «Таким образом, – заключает Сёрль, – тест Тьюринга не является доказательством того, что машина может думать, а это противоречит изначальному предположению Тьюринга».

Более подробные сведения можно почерпнуть из обширной статьи Дж. Сёрла "Разум мозга – компьютерная программа?" [10]. Ответ Дж. Сёрла на свой вопрос в заголовке статьи:

Нет. Программа лишь манипулирует символами, мозг же придает им смысл

Пункт **4.1 Человеческий разум и разум вообще**

Направленность теста Тьюринга ярко выражена в сторону человека (антропоморфизм). Проверяется только способность машины походить на человека, а не разумность машины вообще. Тест неспособен оценить общий интеллект машины по двум причинам:

• Иногда поведение человека не поддается разумному толкованию. В это же время тест Тьюринга требует, чтобы машина была способна имитировать все виды человеческого поведения, не обращая внимания на то, насколько оно разумно. Он также проверяет способность имитировать такое поведение, какое человек за разумное и не посчитает, например, реакция на оскорбления, соблазн соврать или просто большое количество опечаток. Если машина неспособна с точностью до деталей имитировать поведение человека, опечатки и все такое, то она не проходит тест, несмотря на весь тот интеллект, которым она может обладать.

• Некоторое разумное поведение не присуще человеку. Тест Тьюринга не проверяет высокоинтеллектуальное поведение, например, способность решать сложные задачи или выдвигать оригинальные идеи. По сути, тест требует, чтобы машина обманывала: какой бы умной ни была машина, она должна притворяться не слишком умной, чтобы пройти тест. Если же машина способна быстро решить некую вычислительную задачу, непосильную для человека, она по определению провалит тест.

Пункт **4.3 Реальный интеллект и имитируемый интеллект**

Также тест Тьюринга явно бихевиористичен или функционалистичен: он лишь проверяет, как действует субъект. Машина, проходящая тест, может имитировать поведение человека в разговоре, просто «неинтеллектуально» следуя механическим правилам. Двумя известными контрпримерами, выражающими данную точку зрения являются «Китайская комната» Сёрля (1980) и «Болван» Неда Блока (Ned Block, 1981). По мнению Сёрля основной проблемой является определить, «имитирует» ли машина мышление, или «на самом деле» мыслит. Даже если тест Тьюринга и является годным для определения наличия интеллекта, Сёрль отмечает, что тест не покажет, что у машины есть разум, сознание, возможность «понимать» или иметь цели, которые имеют какой-то смысл (философы называют это целеполаганием).

Статья Бориса Руслановича Щипкова [8]

(с небольшими сокращениями)

Анти-Тьюринг. Критика термина «искусственный интеллект» и теста Тьюринга

Критика отдельных положений статьи Алана Тьюринга «Может ли машина мыслить?» (другое название «Вычислительные машины и интеллект», «Computing Machinery and Intelligence», Mind 1950) и понятия «искусственный интеллект».

В классической статье Алана Тьюринга «Может ли машина мыслить?» автор, чтобы не рассматривать термины «машина» и «мыслить», упрощает этот вопрос и заменяет на другой – могут ли вычислительные машины успешно отвечать на вопросы при «игре в имитацию»? По мнению Тьюринга, если человек при беседе с машиной не сможет понять, что ему отвечает не человек, а машина, то такая машина будет «мыслящей». Это и есть критерий Тьюринга или тест Тьюринга на разумность. Тьюринг пишет о машине, но мог бы писать и о программе. Сейчас мы видим, что никаких препятствий к созданию таких программ для компьютеров нет. Программа, в основном, просто ищет в памяти подходящие фразы среди тысяч или миллионов уже готовых и выдает ответы, которые не отличаются от человеческих. Правда в этом процессе отсутствует мысль. Математическая формула или программа не мыслят. У набора формул и знаков нет ума, сознания и интеллекта.

Тьюринг в духе функционалистского или бихевиористского подхода не давал определения главным для понимания терминам «мыслить», мышление, сознание. Это и слишком простой критерий привели к ошибкам и преувеличениям. Для бихевиоризма (направления экспериментальной психологии) не важно, что происходит в человеческом мозге, фиксируется только внешнее поведение, какая реакция последует на стимул.

Правомерно ли заменять один вопрос на другой? Нет, неправомерно. Эти вопросы не идентичны. Первый вопрос гораздо шире. Правильные или правдоподобные ответы – это необходимое (но только в случае человека, который может разговаривать), но недостаточное условие для признания того, что машина мыслит. Рассмотрим термины мышление, интеллект, ум и сознание. Я даю свои варианты смысла терминов, так как различные философы, психологи и биологи дают совершенно разные интерпретации этих понятий. Мышление и интеллект действительно существуют, но они есть только у животных. Эти термины относятся только к животным, в том числе и к человеку (homo sapiens). Мышление – это биологический (физиологический) процесс в мозге. Мышление или рассудочная деятельность – это функция мозга, познавательная деятельность, позволяющая открывать новое (получать новые знания, выявлять закономерности), делать обобщения и решать новые задачи. Интеллект – более широкое понятие, включающее в себя процессы ощущения, восприятия, мышления и обучения животного организма. Душа, ум и социальное сознание не существуют в том смысле, в каком существуют мозг и мышление, это – слова, обобщающие термины. Ум – это характеристика интеллекта. Душу и сознание надо обсуждать более подробно. Существует только организм животного. С помощью органов зрения, осязания и слуха животное исследует мир, получая информацию, и обрабатывает, анализирует ее мозгом, нервной системой. Чтобы выделить познавательные, интеллектуальные способности по сравнению с физическими, люди придумали понятия ума, души, сознания, интеллекта. Затем произошло странное. Человек стал думать, что кроме организма, есть еще отдельная мыслящая или неразумная бессмертная душа, которая независима от тела и даже может перемещаться в другие тела.

В Древней Греции, во времена Пифагора, Платона и Аристотеля, в душу включали и мышление, и интеллект, и даже ощущения. Поэтому считалось, что душа есть и у человека, и у животных, и у растений. Дуалистический подход поддерживался религией, и после Декарта душа осталась только у «венца творения», а животные стали бездушными механизмами. Наверное, Декарт никогда не изучал поведение ворон, сорок, собак и кошек.

Сознание – это обобщенные обществом совместные знания людей, а также различные высшие умственные способности. Поэтому неверно писать о «локализации» сознания, как пишет Тьюринг: «Например, неудача наших попыток локализовать сознание похожа на парадокс». Это – не парадокс, но абсурд. Сознание – не грейпфрут или кусок сыра и не может лежать в холодильнике. Следует отметить, что сознание есть и у человекообразных обезьян.

Вернемся к нашим программам. Программа не мыслит. Вычислительная машина, «высеченная из кремния и стали», не мыслит, ничего не познает и не понимает, это «кусок камня». Такая машина не осуществляет процессы, аналогичные процессам, проходящим в организме (мозге) животного. Поэтому, даже если вычислительная машина с программой хорошо имитирует человеческие ответы, признавая ее мыслящей, мы просто приписываем ей «мышление», что крайне ненаучно.

Применим теперь критерий Тьюринга к животным. Согласно этому критерию обезьяны, дельфины, вороны, сороки, попугаи, лошади, медведи и все другие животные (кроме человека) не обладают мышлением. Но биологи, интенсивно изучающие поведение животных и их организмы (в том числе нервную систему и мозг, биохимические процессы) последние сто лет, с помощью различных тестов доказали, что многие животные обладают мышлением. Поэтому критерий Тьюринга по отношению к животным вообще ложен. Получилась абсурдная картина. Программы, имитирующие ответы, согласно критерию Тьюринга мыслят, а животные – не мыслят.

Тьюринг выдвигает и легко опровергает 9 противоположных точек зрения по вопросу «Могут ли машины мыслить?» Правда, возражение с точки зрения сознания мне не кажется опровергнутым, так как неясно, что Тьюринг подразумевает под сознанием. Складывается впечатление, что сознание он понимает как осознание. Непонятно, почему Тьюринг считает, что если отвергнуть его критерий, то это неминуемо приведет к солипсизму.

В конце статьи Тьюринг пишет, что «Мы можем надеяться, что машины, в конце концов, будут успешно соперничать с людьми во всех чисто интеллектуальных областях. Но какие из этих областей наиболее пригодны для того, чтобы начать именно с них? Многие считают, что начать лучше всего с какой-нибудь очень абстрактной деятельности, например, с игры в шахматы». Сейчас многие шахматные программы играют в гроссмейстерскую силу. Но достигнуто это не за счет «искусственного интеллекта», а за счет увеличения быстродействия компьютеров. Основу шахматных программ описал еще американский ученый Клод Шеннон – это оценочная функция, в которой складываются плюсы и минусы позиции, и полный, или усеченный, перебор всех возможных ходов, принцип минимакса (Джон фон Нейман). Затем были улучшены алгоритмы отсечения плохих и повторяющихся ходов, продления форсированных вариантов, оценочная функция. Никакого отношения к «мыслящим машинам» и «искусственному интеллекту» шахматные программы не имеют.

Суммируя все вышеизложенное, выскажу гипотезу, что машина может мыслить только в том случае, если она будет аппаратом (организмом), осуществляющим процессы, аналогичные процессам, проходящим в организме человека или высших животных. Это очень сложно. Поэтому в ближайшем будущем в течение 100 лет появление такой «разумной машины» нереально. Но теоретически создание такой машины кажется возможным. Интересно, что Тьюринг, опровергая теологическое возражение, пишет: «Я счел бы данное возражение более убедительным, если бы животные были отнесены в один класс с людьми, ибо, на мой взгляд, между типичным одушевленным и типичным неодушевленным предметами имеется большее различие, чем между человеком и другими животными».

Чтобы доказать, что такая машина мыслит, надо использовать тесты на решение различных задач, которые давно есть у биологов и психологов, изучающих и исследующих мышление животных и человека. Полезно также изучить процессы, протекающие внутри этого аппарата, то есть подойти к решению этого так, как поступают ученые-нейробиологи.

Словосочетание «искусственный интеллект» означает, учитывая, что слово интеллект относится только к организмам (животным), что создается или создан искусственный организм (машина), обладающий интеллектом (осуществляющий процессы ощущения, восприятия, мышления и обучения). Но этот термин используется сейчас в другом смысле, как область исследований, и относится, в том числе, к созданию программ. Поэтому правильно было бы использовать термин «имитация интеллекта» вместо «искусственного интеллекта», а точнее – имитация и моделирование отдельных функций интеллекта. Можно еще добавить, что термин «искусственный интеллект» ненаучный, нестрогий. Непонятно, зачем его используют ученые. В результате по телевидению регулярно сообщают, что через год будет создан искусственный разум. Эти басни, равно как рассказы и бредни о пришельцах, перемещении душ, об аде и воскрешении, чудесах очень хороши для оболванивания людей.

Выбор такого рекламного термина способствовал появлению «интеллектуальных» пылесосов, телевизоров, холодильников, видеокамер – этих «мыслящих столбов» современности. И такой «интеллект» уже поработил всю Землю.

Происходит приписывание машинам «мышления». Кстати, древние греки думали, что все вокруг живое – горы, реки, моря, планеты. Все живет, все изменяется.

Однако следует выделить большую философскую силу блестящей статьи Тьюринга, которая привела к повышению имиджа программистов и ученых, к популяризации компьютеров, и к широкому распространению мифа о «разумных машинах», созданию множества фантастических романов и фильмов о борьбе людей с подчинившими их роботами.

Отличная статья. Мы полностью согласны с выводами ее автора, кроме признания мышления у животных.

Статья Владислава Михайлова [9]
(с небольшими сокращениями)
Есть ли альтернатива тесту Тьюринга?

Одни ждут от компьютера очень много. Другие считают его ни на что не годным сыном калькулятора и телевизора. Первые – наивные романтики, вторые – плохо учившиеся гуманитарии. Любые крайности опасны, и крайность почитания ничуть не лучше (или не хуже?) крайности отвержения (непонимания). Обычно парадигмы в научном сообществе сменяют друг друга по мере исчезновения носителей старых идей. К сожалению, в наше время это не подходит. Наука и техника слишком быстро входят в наш обиход, и времени на смену поколений у нас нет (впрочем, время всегда есть – общество само решает, как ему двигаться – держаться за стариков, выживших из ума, и отставать от других или идти в ногу с молодыми – и обгонять традиционные сообщества.) Надеюсь, что выбор моего читателя, как и мой, – активно изменять свои представления о мире, синхронно с реалиями сегодняшнего дня. Я вынужден начинать издалека, поскольку тема ИИ (искусственного интеллекта) лежит как раз в самом центре этого противостояния. Видимо, и сам Алан Тьюринг был в душе занудой-гуманитарием, если отдал им на откуп определение того, можно ли назвать машину мыслящим устройством (объектом, субъектом – по выбору). Вместо того, чтобы предложить четкие критерии разумности, он, ничтоже сумняшеся, решил перехитрить всех – выдав желаемое за действительное. Не зная, как решить эту (совсем простую) задачу, он предложил алгоритм "мудрых старцев", заменив четкие критерии решениями неких "экспертов". Увы, это заставило разработчиков отправиться по ложному пути. Вместо решения конкретной задачи они устремились создавать алгоритм, который должен кого-то обмануть.

А ведь есть самые простые критерии разумности. И каждый из нас пользуется ими ежедневно. Вы удивлены? Вспомните-ка, когда вы начинаете разговор с новым для вас собеседником – что вы делаете? Осторожно, начиная с самых простых и общих тем (погода, настроение, футбол, впечатления), прощупываете собеседника, при его адекватной реакции переходите на искусство (кино, живопись, литература), если и этот тест им успешно пройден, то переходите к науке и ее практическому применению. И это он знает и понимает не хуже вас? Тогда затрагиваете темы морали, устройства государства, положения женщины в обществе (и т.д. и т.п.). Что же мешает поступить с компьютером, вернее, с программой, претендующей на звание интеллектуальной, так же?

Итак, задачи для искусственных мозгов. Возьмем самую простую аксиоматичную фразу из учебника первого класса.

Мама мыла раму.

Что делала мама?

Что мыла мама?

И, наконец, кто мыл раму?

Вот вам первый образец теста. Сможет электронный ум после такой вводной (мама мыла раму) ответить на поставленные вопросы – значит, первый экзамен на пути признания его мыслительных способностей он сдал. Понимаете, к чему я клоню? Вместо сомнительного вердикта "присяжных заседателей" – ясные и простые задачи и в итоге – % их решения и переход на более высокий уровень.

Это, назовем его уровень А, начало теста.

Итак, сами уровни:

А – одно предложение;

Б – отрывок из нескольких предложений, в котором ответ распределен по отдельным высказываниям;

В – отрывок из нескольких предложений, в котором нет тех слов, которые должны быть в ответе;

Г – небольшой отрывок, ответы на вопросы к которому неочевидны даже для человека;

Д – тест на понимание контекста;

Е – тест на понимание иносказания.

“В конце концов, не все ли равно, как оценивать диалог машины и человека...” – скажет кто-то. В том то и дело, что прежде всего надо избавить машину от диалога с человеком. Машины должны говорить друг с другом. Только в таком непрекращающемся многочасовом режиме мы сможем обкатать искусственного собеседника. (Может быть мне возразят, что искусственный интеллект и искусственный собеседник это не одно и то же, на что я отвечу, что если алгоритм будет вас понимать и адекватно отвечать вам – разве мы не признаем его разумным?) Поэтому этап тестирования нам нужен только как предварительный – на турнир собеседников должны пройти только те программы, которые способны понимать речь человека. А вот уж вести диалог – это совсем другое искусство (которым, впрочем, владеют далеко не все люди).

Безусловно, необходим еще некий "арбитр", и именно арбитр-алгоритм, ибо посадить за чтение нудных и бесконечных словопрений между двумя машинами человека – было бы саморазрушением заявленной идеи.

Построить психологическую модель поведения, снабдить ее алгоритм способный генерировать высказывания в соответствии со своей парадигмой – чем не поле для психологов и лингвистов, наконец доказать, что их теории более точно отображают действительность, чем теории их оппонентов.

Автор этой статьи по существу излагает тот же самый тест Тьюринга, заменив совокупность вопросов в тесте Тьюринга группой других вопросов специального вида. Поэтому этот тест также нельзя признать пригодным для выявления у программы ее способности к мышлению по тем же самым причинам, о которых говорилось выше.

4. Наш тест на выявление мышления у программы или машины

Для прохождения теста Тьюринга программа должна содержать в себе огромную базу знаний, необходимую для формирования текстовых выражений, и систему построения смысловых выражений.

Исходя из критических замечаний по тесту Тьюринга, описанных в предыдущем пункте, мы заключаем, что имитация компьютером человеческой беседы не может служить доказательством того, что данный компьютер (программа) обладает мышлением.

Мы предложим здесь намного более простой тест выявления мышления у программы, который не требует наличия у программы огромной базы знаний и системы построения смысловых выражений. То, что это возможно следует из того факта, что малограмотный человек или малолетний ребенок, не обладающие обширными познаниями и большим словарным запасом, способны к мышлению.

ТЕСТ на выявление мышления у программы или машины

ЗАДАНИЕ машине (программе):

НАПИШИ ПРОИЗВОЛЬНУЮ ПОСЛЕДОВАТЕЛЬНОСТЬ НУЛЕЙ И ЕДИНИЦ ДЛИНОЙ В 60 ЗНАКОВ

Просто, не правда ли? Длину последовательности можно задать любой, особой роли это не играет.

Любой человек, умеющий писать на бумаге числа 0 и 1, легко справится с этим заданием.

К программе (машине) при этом должны быть предъявлены условия, чтобы она при выполнении указанного задания не использовала программных и физических датчиков случайных чисел и не производила бы съем информации с физических элементов компьютера (машины), не относящейся к ее собственной выработанной информации в процессе выполнения задания.

Построение последовательности 0 и 1 программа (машина) должна осуществлять только при помощи своей “головы”, если она у нее имеется.

Человек, выполняя это задание, легко переключается от записи цепочки нулей произвольной длины к цепочке единиц также произвольной длины. Делать это он может как вникая в процесс записи последовательности, так и не вникая в него, помня однако, что время от времени он должен переключаться от записи одних символов (0 или1) к другим (1 или 0).

Если программа (машина) не обладает мышлением, то она не в состоянии будет написать даже один знак (0 или1), так как здесь будет возникать проблема выбора – что записать сначала 0 или 1.

Эта проблема аналогична задаче о Буридановом осле, перед которым находятся две одинаковые копны сена. Осел, чтобы утолить свой голод, должен выбрать к какой копне надо подойти. И если предположить, что осел мыслит чисто логически, то он не сможет сделать выбор к какой копне следует подойти. В природе, конечно, таких ослов не бывает.

Также и программа, не способная к мышлению, не в состоянии будет записать первый знак 0 или 1. Даже, если программа каким–то образом и запишет первый знак 0 или 1, то она должна будет определиться, когда ей следует перейти от записи цепочки 0 или 1 к записи соответственно цепочки 1 или 0. Без наличия мышления сделать это будет невозможно. Нам неизвестны такие программы.

ОБРАЩЕНИЕ к лицам, имеющим программы с предполагаемым у них мышлением:

Пожалуйста протестируйте такие программы предложенным тестом. Это намного проще, чем тестирование по Тьюрингу.

Литература

1. http://www.aiportal.ru/articles/introduction/1/
2. http://www.aiportal.ru/articles/introduction/prehistory-ai-part1.html
3. http://www.aiportal.ru/articles/introduction/prehistory-ai-part4.html
4. http://www.aiportal.ru/articles/introduction/ai-in-computer-games.html
5. http://www.aiportal.ru/articles/other/turing-test.html
6. http://ru.wikipedia.org/wiki/%D0%A2%D0%B5%D1%81%D1%82_%D0%A2%D1%8C%D1%8E%D1%80%D0%B8%D0%BD%D0%B3%D0%B0
7. http://www.clumba.su/test-tyuringa/
8. http://www.fantastica.in/antituring.html
9. http://ai-systems.ucoz.ru/publ/est_li_alternativa_quot_testu_tjuringa_quot/1-1-0-4
10. Дж. Сёрл. "Разум мозга – компьютерная программа?", Scientific American. Издание на русском языке. 1990. № 3, http://alt-future.narod.ru/Ai/sciam1.html .

Серия: ИСТОРИЯ

Голубенко Н. Б.

Лыбедь: вымысел или реальность

Аннотация

В статье рассмотрена версия, касающаяся исторической личности: Лыбеди. В данной работе проанализированы различные источники и сделана попытка объяснить кто такая Лыбедь, почему это имя настойчиво повторяется в летописях, хотя ее дела никак не отмечены в истории.

Кто такая Лыбедь, сестра трех братьев - Кия, Хорива и Щека - из древнеславянских мифов? И кто сами эти братья? Вот что по этому поводу можно найти в некоторых известных источниках.

1) Лыбедь - в восточнославянской мифологии генеалогическая героиня, сестра трех братьев - родоначальников племени полян: Кия, Щека и Хорива. Древнерусское предание о происхождении полян (в "Повести временных лет") родственно мифологическому сюжету, в котором участвуют три брата и сестра: в русской сказке - богатырка Белая лебедь, владелица живой воды и молодильных яблок, за которыми посланы братья; ее имя могло быть преобразовано из первоначального ЛЫБЕДЬ под влиянием мифологического мотива превращения богатырки в птицу. Есть также мнение, что Лыбедь означает не «Лебедь», а «Улыба», то есть, веселая, смешливая.

2) По Нестору Киев возник при следующих обстоятельствах: « Братья Кий, Щек и Хорив, с сестрою Лыбедью, жили между полянами на трех горах, из коих две слывут по имени двух меньших братьев, Щековицею и Хоривицею; а старший жил там, где ныне (в Несторово время) Зборичев взвоз. Они были мужики знающие и разумные; ловили зверей в тогдашних густых лесах днепровских, построили город и назвали оный именем старшего брата, т.е. Киевым. Некоторые считают Кия перевозчиком, ибо в старину был на сем месте перевоз и назывался Киевым; но Кий начальствовал в роде своем: ходил, как сказывают, в Константинополь и приял великую честь от царя греческого; на возвратном пути, увидев берега Дуная, полюбил их, срубил городок и хотел обитать нем; но жители

дунайские не дали ему там утвердиться и доныне именуют сие место городищем Киевцом. Он скончался в Киеве, вместе с двумя братьями и сестрою». Нестор в повествовании своем основывается единственно на изустных сказаниях: отдаленный многими веками от случаев, здесь описанных, мог ли он ручаться за истину предания, всегда обманчивого, всегда неверного в подробностях? Может быть, что Кий и братья его никогда в самом деле не существовали и что вымысел народный обратил названия мест, неизвестно от чего произошедшие, в названия людей. Имя Киева, горы Щековицы – ныне Скавицы - Хоривицы, уже забытой, и речки Лыбеди, впадающей в Днепр недалеко от новой киевской крепости, могли подать мысль к сочинению басни о трех братьях и сестре их: чему находим многие примеры в греческих и северных повествователях, которые, желая питать народное любопытство, во времена невежества и легковерия, из географических названий составляли целые истории и биографии. Но два обстоятельства в сем Нестеровом известии достойны особенного замечания: первое, что славяне киевские издревле имели сообщение с Царемградом, и второе, что они построили городок на берегах Дуная еще задолго до походов россиян в Грецию. Дулебы, поляне днепровские, лутичи и тивирцы могли участвовать в описанных нами войнах славян дунайских, столь ужасных для империи, и заимствовать там разные благодетельные изобретения для жизни гражданской. (по Н.М. Карамзину).

3) Все эти племена жили особо друг от друга, каждое на своем месте со своими нравами, обычаями и преданиями. У полян были обычаи кроткие и тихие, а другие племена жили как звери. Между полянами были три брата: одному имя Кий, другому Щек, третьему Хорив, сестру их звали Лыбедью. Они построили город и назвали его, по имени старшего брата, Киевом. По смерти этих братьев древляне и другие окольные народы стали притеснять полян (по С.М. Соловьеву).

4) Игумен Сильвестр был против мнения, будто основатель Киева был не более как перевозчик через Днепр, и в критической вставке, внесенной в Повесть временных лет, доказывает преданием, что Кий был князь в роду своем и ходил в Царьград, где был принят с большим почетом самим царем; только имени этого царя составитель не знает, в чем и сознается.

Еще труднее уяснить себе, какая форма общежития господствовала у восточных славян в эпоху их расселения по нашей равнине. Повесть о начале Русской земли, описывая их размещение, пересчитывает племена, на которые они делились, указывая, где поселилось каждое. Она рассаживает по равнине всех этих полян, древлян, волынян, северян, радимичей, вятичей, кривичей, полочан, дреговичей, славян новгородских. Мы уже знаем гидрографическое основание такого размещения: племена поселились по речным бассейнам западной половины страны, принимая за раздельную черту обеих половин линию по верхнему меридиональному течению реки Оки. Но трудно решить, что такое были эти племена, плотные ли политические союзы или простые географические группы населения, ничем не связанные политически. Масуди пишет, что по распадении союза под руководством волынян восточные славяне разделились на отдельные колена и каждое племя выбрало себе особого царя. В нашей Повести временных лет этому преданию отвечает известие, что после Кия с братьями род их начал держать княжение у полян, а у древлян было свое княжение, у дроговичей свое и т.д. Ученый редактор Повести, оспаривая мнение, будто Кий был простым днепровским перевозчиком, представляет его знатным человеком, княжившим в своем роде. Выходит, что и этот род после своего родоначальника княжил в целом племени полян, был как бы племенной полянской династией и что подобные династии существовали и у других племен. Но не видно, в каких формах выражалось владетельное значение этих племенных династий. Предание не запомнило имени ни одного племенного князя.

Может быть, мелкие родовые князьки того или другого племени, считая себя потомками общего предка, подобно полянскому Кию, поддерживали между собою какие-либо генеалогические связи, собирались на племенные веча, как это делали карпатские филархи, или на поминальные празднества в честь обоготворенного родоначальника. В историческом вопросе, чем меньше данных, тем разнообразнее возможные решения и тем легче они даются.

По- видимому, в эпоху расселения родовой союз оставался господствующей формой быта у восточных славян. По крайней мере Повесть временных лет только эту форму изображает с некоторой отчетливостью: « … живяху кождо с своим родом и на своих местех, владеюще кождо родом своим». Это значит, что родственники жили особыми поселками, не вперемежку с чужеродцами. Но это едва ли были первобытные цельные родовые союзы: ход расселения должен был разбивать такое общежитие. Родовой союз держится крепко, пока родичи живут вместе плотными кучами; но колонизация и свойства края, куда они направлялись, разрушали совместную жизнь родичей. Расселяясь по равнине, восточные славяне заняли преимущественно лесную ее полосу. К ней относится замечание Иорнанда, который, описывая пространство к востоку от Днестра, по Днепру и Дону, говорит, что это весьма обширная страна, покрытая лесами и непроходимыми болотами. Самый Киев возник на южной опушке этого громадного леса. В этом пустынном лесистом краю пришельцы занялись ловлей пушных зверей, лесным пчеловодством и хлебопашеством. Пространства, удобные для этих промыслов, не шли обширными сплошными полосами: среди лесов и болот надобно было отыскивать более открытые и сухие места и расчищать их для пашни или делать в лесу известные приспособления для звероловства и пчеловодства. Такие места являлись удаленными один от другого островками среди моря лесов и болот. На этих островках поселенцы и ставили свои одинокие дворы, окапывали их и расчищали в окрестности поля для пашни, приспособляя в лесу борти и ловища. В пределах древней Киевской Руси до сих пор уцелели остатки старинных укрепленных селений, так называемые городища. Это обыкновенно округлые, реже угловатые пространства, очерченные иногда чуть заметным валом. Такие городища рассеяны всюду по Приднестровью на расстоянии 4-8 верст друг от друга. Их происхождение еще в языческую пору доказывается соседством курганов, древних могильных насыпей. Раскопка этих насыпей показала, что лежащих в них покойников хоронили еще по-язычески. Не думайте, что эти городища – остатки настоящих значительных городов: пространство, очерченное кольцеобразным валом, обыкновенно едва достаточно, чтобы вместить в себе добрый крестьянский двор. Как возникли и что такое были эти городища? Это остатки одиноких укрепленных дворов, какими расселялись некогда восточные славяне и на которые указывает византийский писатель Прокопий, говоря, что задунайские славяне его времени жили в плохих, разбросанных поодиночке хижинах. Такие одинокие дворы, или, говоря иначе, однодворные деревни, ставили славянские поселенцы, селясь по Днепру и по его притокам. Такими однородными деревнями и впоследствии колонизировалось верхнее Поволжье. Дворы окапывались земляными валами, вероятно с частоколом для защиты от врагов, а особенно для обороны скота от диких зверей. Из таких одиноких дворов вырос и самый город Киев. Повесть временных лет помнит об основании этого города- знак, что он возник в сравнительно близкое к ней время. Предание рассказывает , что на горном берегу Днепра, на трех соседних холмах поселились три брата, занимавшиеся звероловством в окрестных лесах. Они построили здесь городок, который назвали по имени Кия, старшего брата, Киевом. Так Киев возник из трех однодворных деревень с общим укрепленным убежищем, которые поставлены были тремя звероловами, когда-то поселившимися на берегу Днепра. Как старший брат, Кий был князем в первоначальном смысле родового старейшины: местное предание или предположение ученого редактора летописи превратило его в знатного родоначальника владетельного рода в племени полян, в князя, как понимали это слово в XI в.

Летопись отмечает, что после Кия, основателя Киева, полян обижали древляне и другие окольные племена… (В.О. Ключевский).

Итак, из пункта первого ясно, что Лыбедь в восточнославянской мифологии - это генеалогическая героиня, сестра трех братьев - **родоначальников** племени полян: Кия, Щека и Хорива.

Из второго пункта можно сделать вывод: Кий **начальствовал** в роде своем, ходил в Константинополь и приял великую честь от царя греческого. Автор подчеркивает, что, возможно, Кия, его братьев и сестры никогда не существовало, а «имя Киева, горы Щековицы - ныне Скавицы- Хоривицы, уже забытой, и речки Лыбеди, впадающей в Днепр недалеко от новой киевской крепости, могли подать мысль к сочинению **басни** о трех братьях и сестре их».

У С.М. Соловьева просто упоминается что Кий, Щек, и Хорив с сестрой Лыбедью построили город и назвали его, по имени старшего брата, Киевом.

У Ключевского важно следующее: «Игумен Сильвестр, оспаривая мнение, будто Кий был простым днепровским перевозчиком, представляет его **знатным** человеком, княжившим в своем роде. Выходит, что и этот род после своего родоначальника **княжил** в целом племени полян, был как бы племенной полянской династией и что подобные династии существовали и у других племен»…

Далее: « По-видимому, в эпоху расселения родовой союз оставался господствующей формой быта у восточных славян… Такие одинокие дворы, или, говоря иначе, однодворные деревни, ставили славянские поселенцы, селясь по Днепру и по его притокам. Из таких одиноких дворов вырос и самый город Киев. Предание рассказывает, что на горном берегу Днепра, на трех соседних холмах поселились три брата, занимавшиеся звероловством в окрестных лесах. Они построили здесь городок, который назвали по имени Кия, старшего брата, Киевом. Как старший брат, Кий был **князем** в первоначальном смысле родового старейшины: местное предание или предположение ученого редактора летописи превратило его в знатного родоначальника владетельного рода в племени полян, в князя…».

Карамзин предполагает, что история о Кие, его братьях и сестре является басней, созданной для поднятия патриотического духа позднее живущих славян. Но вряд ли из географических названий сделали басню, т.к. в ней задействованы не все герои, а лишь один Кий, остальные только упоминаются, и нет морали.

А то, что Кий ходил в Константинополь, скорее всего, говорит о том, что он - реально существовавший человек. Отправить в Царьград род мог только самого влиятельного человека, родоначальника. Современные исследователи приводят убедительные доказательства княжеского достоинства Кия, основателя крепости на Днепре и одного из руководителей общеславянского движения на Балканы.

А Лыбедь? Так кто она такая? Почему ее имя настойчиво повторяют все историки и это притом, что далее о ней не сказано ни слова. Ее дела никак не отмечены в истории. Но так ли это? Почему тогда ее имя не забыто? Не потому ли что оно все же что-то значило для истории?

Скорее всего, здесь идет речь о четырех родах, племенах, вероятно даже, союзе племен. Три из них возглавлялись мужчинами, а четвертое женщиной - Лыбедью. Именно эти четыре рода, соединившись, и образовали первое население города Киева. Кий был инициатором создания этого союза и города и, очевидно, за это город нарекли его именем. Можно даже предположить, что в трех родах царил патриархат, а в одном матриархат. Во всяком случае, отношения между главами родов были таковы, что они называли себя братьями и сестрой.

Таким образом, в российской истории Лыбедь - первая упоминаемая женщина- правительница.

Литература

1. Карамзин Н.М. История государства Российского/Коммент. А.М. Кузнецова; Худож. И. Цыганков. Т.I-IV. – Калуга: Золотая аллея, 1997. – 560 с.
2. Ключевский В. О. Сочинения: в 9 т. т. 1, ч. 1: Курс русской истории / под ред. В. Л. Янина. - М.: Мысль , 1987. - 430 с.
3. Соловьев С.М. Чтения и рассказы по истории России/Сост. И вступ. Сост. Ст. С.С. Дмитриева; Комм. С.С. Дмитриева и Л.П. Дойниковой; Ил. В.В. Лукашова. – М.: Правда, 1989. – 768 с.

Миркин В.И.

«Чудо» Мафусаила и Сарры

История человеческой цивилизации, к сожалению, содержит большое число нестыковок в датировке событий. Вот лишь некоторые примеры, почерпнутые мною из книги Пола Джонсона «История евреев». Итак, историческая реальность библейского Потопа весьма высока (хотя, по-видимому, он был только в Междуречье). Но осадочные слои при раскопках в городе Уре были датированы 4000-3500 годами до нашей эры, при этом аналогичный слой осадочных пород в городах Шуруппаке и Кише не совпадал с первым по времени. По другим данным Потоп был отнесен ко времени правления в вавилонском городе Сиппаре царя Аммисадука (1646-1626гг. до н.э.).

В той же книге сказано, что «датировки соответствующих персонажей (царей) различны при сопоставлении еврейского, греческого и самаритянского текстов, и, вообще говоря, приводимая там продолжительность жизни великовата...»

Наверное, нет нужды перечислять все случаи нестыковок, тем более, что они описаны в многочисленных литературных источниках. Скажу сразу, что радиоуглеродный анализ исчисления возраста не внушает оптимизма, поскольку дает непредсказуемую ошибку. Метод базируется на множестве малообоснованных предположений.

Хотелось бы предложить исследовать путь решения данной задачи, ключом к которому могут служить библейские тексты (многие ученые относят Библию к историческим документам). Из Библии известно, что Адам умер в 930 лет, Сиф (каждое имя означает сына предыдущего) в 912, Енос в 905, Каинан в 910, Малелеил в 895, Иаред в 962, Енох в 365, Мафусаил в 969, Лемех в 777, Ной в 900.

Если оценить текст Библии непредвзято, то видно, что писался он людьми вряд ли склонными мистифицировать будущих читателей. Дело даже не в том, жили ли данные люди на самом деле, и была ли продолжительность их жизни именно такой. Важно то, почему редакторы Библии без тени сомнения включили в текст столь абсурдные даты. Ни шутки, ни мистификация не строятся на абсурде. Что же знали люди приблизительно за тысячу лет до нашей эры о временах еще более далеких (чего не знаем мы), чтобы указать сроки жизни более, чем в десять раз превышающие современные? Приводимый иногда аргумент, что тогда были некие идеальные условия жизни, выглядит столь абсурдным (наверное, как раз все было наоборот из-за плохой медицины, отсутствия гигиены и так далее), что его даже стыдно обсуждать.

Мы сейчас говорим о временах, о которых не сохранилось никаких документальных свидетельств, а потому все выводы можно делать только на основе логических умозаключений (делаю упор на слове «логических»). Это относится не только к моим умозаключениям, но и ко всем положениям исторической науки о тех временах. Зачастую логика построения этих положений не выдерживает никакой критики.

Мое предположение, что в основе данного доисторического летоисчисления положен вовсе не привычный нам годовой цикл, а более короткий (приблизительно в 12 раз) цикл месячный.

У данного умозаключения есть, во-первых, лингвистический аспект. Между любыми древними преданиями (тем более, устными) и нынешними текстами обязательно существует множество ступеней интерпретации. Попытайтесь перевести текст с одного языка на другой с помощью компьютера. Многообразие значений слов превратит перевод в сущую неразбериху. Производные от еврейского слова «шона» (год) имеют значение «перемены», «изменения», и это не обязательно связано с привычным нам годовым циклом. Это могут быть любые важные перемены, которые можно положить в основу измерения времени. Возьмите русский и близкие ему языки. Как различаются по смыслу слова «год» и «година»? Не менее интересно происхождение слова «годен», имеющего тот же корень. Как мог временной показатель приобрести смысл качества? Это могло быть в том случае, когда товар был произведен в еще не завершившийся отрезок времени. Слово «год» у евреев никак не могло иметь смысл отрезка времени в 365 дней.

У евреев эталоном измерения времени была Луна. И даже в русском языке «месяц» имеет два значения: объект на небе (божество) и временной цикл. Кстати, по утверждениям лингвистов слово «месяц» является однокоренным со словом measure (измерение). Здесь важно отметить одну закономерность: когда вы обнаруживаете новое явление и придумываете для него название, то либо пользуетесь уже известными для других целей подходящими словами (составляете словосочетания), либо заимствуете из-за границы не только событие, но и его название.

В качестве лирического отступления попробую рассказать еще об одной лингвистической задаче. Как вы понимаете ситуацию, что Бог создал Еву из ребра Адама? Есть здесь какая-то несуразность: совсем еще «недавно» Ему для этого никаких опорных элементов было не нужно. А тут, вдруг, потребовалось ребро. И зачем это ребро брать именно у Адама?

Но давайте попробуем проникнуть в логику древних. Вот для нас фраза, что стол сделан из дерева, означает, что есть такой материал, и он и использован, чтобы сделать стол. Думаю, у древних было не так. Сказать, что стол сделан из дерева означало, что сначала было дерево, потом его уничтожили, и теперь вместо этого дерева в наличии имеется стол. То есть смысл предлога «из» наверняка означал «вместо», или даже «без». Вообще логика использования предлогов в разных языках различна. Русские говорят «ключ от замка», а англичане «ключ для замка» (что, наверное, логичнее). И, наконец, когда мы говорим «изрисовать», то имеем ввиду, что листа бумаги больше нет, его уже нельзя использовать. Вот такая логика пришла к нам из древних времен. Итак предлог «из» заменяем на «без».

А что такое «ребро»? Я практически уверен, что данное слово в анатомические знания древних перешло от тех «архитекторов», кто пытался устанавливать шатры на длинные деревянные слеги, служившие опорой для шкур животных. Тогда слово «ребро» приобретает смысл длинной и упругой палки. И теперь мы можем интерпретировать фразу из Библии: «И создал Бог Еву без того ребра, которое делает Адама мужчиной». Вот такая фраза имеет нормальный смысл. А теперь представьте себе, как недоумевали все переписчики Библии за последние три тысячи лет и пытались переделать ее текст под собственное понимание того, что было написано.

Вернемся к году. Во-вторых, мое умозаключение имеет физический смысл. Представим себе кочующий род в стране с теплым климатом. Род занимается охотой и собирательством, пасет скот в местности, где никогда не бывает снега. В таких условиях люди не могут вести астрономические наблюдения. Чтобы обратить внимание на периодическое вращение небесного свода им необходима единая точка, куда они могли бы вставать, смотреть при этом на некую заданную вершину горы и отмечать положение относительно нее определенной звезды. Делать это нужно каждый день с десяток лет. Как бы это могли делать кочевники? Вот оседлые египетские жрецы могли.

Не могли древние евреи в теплой стране заметить периодические изменения климата: оно было незначительным, никаких приборов у них не было, а длительный цикл (порядка 365 дней) вообще определить почти невозможно даже современному человеку. А, самое главное, у них для этого не было десятиричной системы счисления (попробуйте без нее сосчитать 3650 зарубок – для установления годичного цикла нужно лет десять наблюдений), без нее они даже не смогли бы записывать результаты наблюдений и, уж тем более, передавать их своим потомкам. Я утверждаю, что без компьютеров даже физики, обладая данными гидрометцентров, этой задачи бы не решили. Особенно для столь длительных циклов.

Понимаю, что современные Израиль и даже Египет расположены вовсе не на экваторе, где годовые циклы практически незаметны, что в этих странах годовая цикличность видна невооруженным взглядом. Но существует прецессия земной оси с периодом в 26 тыс. лет с изменением угла между плоскостью экватора и плоскостью эклиптики до 56 градусов (то есть, несколько тысяч лет назад названные страны вполне могли находится в экваториальной зоне).

И вот здесь возникает очевидный вопрос: «Значит 3650 зарубок сосчитать не могли, 969 лет сосчитали, как же это?» А на самом деле, ведь не только годы нужно было считать, но и разного рода сделки заключать: например, 30 баранов за невесту, или сколько кур стоит корова. Как неграмотный человек может передать число другому неграмотному человеку? А ведь не так уж и сложно. Возьмем пример.

В семье рождается ребенок. Когда после этого наступает первое полнолуние, отец откладывает первый камешек (специальный, белый, красный, металлический – не так ли возник прообраз денег?), затем второй и так далее. Затем подросший мальчик сам укладывает камешки в мешочек, ящичек. Потом, если он сам уже не сможет по старости, это делают его дети. А потом эти камешки укладываются на его могилу.

Небольшое отступление. В последних кадрах фильма «Список Шиндлера» евреи кладут камни на его могилу. Откуда такой обычай? Наверное, все-таки не потому, что в Израиле много камней, но нет цветов. Я высказал мнение, что, может быть, таким образом каждый камень означает доброе дело, сделанное человеком. Мой собеседник раввин, сказал: «Доказать невозможно, но звучит красиво, а потому может быть правильным». Легко предположить, что обычай возник из-за того, что на могилу человека выкладывали камни числом прожитых человеком месяцев.

И вот эти камни могли лежать на могиле сколь угодно долго. И тысячу, и две тысячи лет. До тех пор, пока их не сосчитал человек, владеющий десятиричной системой счисления. Именно поэтому сосчитать 969 лет могли, а 3650 зарубок нет (там ведь не только их считать нужно было, когда этого еще не умели, но и выделить периоды по 365 дней).

Приняв в качестве основного периода измерений лунный цикл, видим, что Адам жил 77 лет, Сиф – 76, Енос – 75, Каинан – почти 76, Малелеил – 74, Иаред – 80, Енох – 30, Мафусаил – почти 81, Ламех – почти 65, Ной – около 73. По сравнению с продолжительностью жизни тех времен совсем немало, кроме Еноха. Но ведь о его смерти сказано как-то странно, он «ходил перед Богом». А не означает ли «ходить перед Богом» быть убогим, то есть, просто больным? И потому он не умер (в 30лет не умирают), а Бог его взял.

Казалось бы, лунный цикл все расставил по местам, но есть еще одна колонка цифр, которая, на первый взгляд, убивает версию с лунным циклом: годы рождения детей. Адам родил сына до того, как ему исполнилось 11 лет, Сиф почти в 9, Енос в семь с половиной, Каинан почти в 6, Малелеил и Енох в пять с половиной, Иаред в 13,5, Мафусаил в 15,6, Ламех чуть после 15. В двух-трех случаях такое вполне возможно, но 5,5 лет – это опять абсурд! Кстати, следует отметить, что в Библии из-за предельно жесткого патриархата между Евой и Саррой нет ни одной женщины, и потому мы никак не можем сопоставить эти цифры с возрастом женщин, рожавших детей. И вот здесь мы стоим перед дилеммой, либо отказаться от такой понятной лунной системы в угоду одному абсурду, либо признать некий необычный для нас образ жизни древних евреев. Но по-порядку.

Если признать, что отцы рожали сыновей аж в 65-187 лет, то мы впадаем в абсурдную ситуацию: зачем людям столь длительное воздержание? И это при условии, что бармитство и батмитство у евреев отмечалось в 13 лет. То есть в этом возрасте уже можно было вступать в брак (а что еще?). Собственно, где должны были болтаться юноши и девушки в возрасте от 13 до 18 лет, если им не нужно учиться в школе и университете. Да в таком возрасте на них можно воду возить, и детей они вполне родить могут. И это в ситуации, когда род еле справляется с работами по заготовке пропитания и с борьбой за выживание с соседями. Наверняка, кто-то скажет, что длительное воздержание связано с проявлением благочестия. Не эта ли ошибка привела к тому, что благочестивые люди умножали свое число медленнее, чем неблагочестивые?

В условиях столь глубокой древности идея воздержания была безумной и самоубийственной. Единственным условием выживания рода была его численность. В то время как благочестивые замаливали первородный грех своих родителей, другие элементарно рожали детей, делали из них воинов и угрожали уничтожить благочестивый род. Если не верите, что такое могло быть, то вспомните историю индейского племени Иллинойс, представители которого, поддавшись проповедям Жака Маркетта, безропотно позволили вырезать себя другим индейским племенам, которые не уповали на божью защиту.

Так вот все должно было быть наоборот. Численность рода была первостепенной задачей: не зря в Библии Бог обещал Аврааму размножить его народ, как песок морской. А единственным способом для успешного решения этой задачи было женить маленьких мальчиков на способных уже рожать девушках, и роль мужа в этом случае до достижения мальчиками детородного периода брал на себя отец рода. Возможно, его жена «уставала» от частых родов (медицина была еще та), возможно, что многие женщины могли рожать почти одновременно. Возможно, только так можно было обойти некоторые ограничения моногамных отношений, свойственных патриархату. Ребенка при этом просто приписывали «мужу» родившей женщины (не потому ли «родство» у евреев передается по матери, и это в условиях жесткого патриархата). Если сейчас мы осуждаем снохачество и право первой ночи, которые, тем не менее, существовали до последнего времени (а, может, и сейчас существует) достаточно широко у разных народов, то это не означает, что их не было в те далекие времена, и они были вполне легальными. Мне кажется, что идея такого ускоренного увеличения численности рода выглядит более разумной, чем воздержание. Кстати, ранний возраст мальчиков при вступлении в брак – отнюдь не древняя история. У того же А.Н. Радищева в его книге «Путешествие из Петербурга в Москву» описано, как девушку Анюту сватали «за парня десятилетнего». Кстати, Илья Мечников, выдумывая, зачем природа создала девственную плеву, сказал, что в древности мальчики женились маленькими (значит, такое было и стало ему известно).

Здесь существует еще один «тонкий» момент: древние евреи называют наряду с годами еще и месяцы. Однако эти месяцы как-то ассоциируются с циклами урожаев, а потому система измерения в месяцах могла быть второй системой измерений и отличаться от лунной. Просто обе системы могли существовать одновременно и использоваться параллельно.

Но Сарра не могла родить в 8 лет, поскольку Библия называет 96 лет.

Времена Авраама и Сарры более поздние. Большинство исследователей помещают их в промежуток между 19-ым и 20-ым веками до нашей эры, и это соответствует описанию их кочевого образа жизни. Предположение, что они жили примерно за 1000 лет до нашей эры, вряд ли являются достоверным, поскольку это времена царей Давида и Соломона, наибольшего рацвета Иудеи и Израиля с мощными городами, которые во времена Авраама еще не существовали, ведь Авраам вернулся не в Израиль, а в Ханаан, где и купил землю для своей могилы. Все это было еще до египетского рабства, исхода, завоеваний Иисуса Навина. И хотя времена Авраама и Сарры были еще не совсем земледельческие для евреев, важнейшее значение в жизни всех людей приобретают урожаи. Урожай – это жизнь, это не какое-то смутное изменение температур, смена климата с очень теплого на умеренный и так далее. Урожай – это повод для принесения жертв и осуществления других ритуальных мероприятий. Люди не могли пренебречь урожаями в измерении времени. По-видимому, доказать это лингвистически (находя корреляцию между понятиями «время» и «урожай» в древних и современных языках), наверное, даже легче, чем в случае с лунным циклом. А урожаев в зависимости от местности и выращиваемой культуры могло быть от двух до трех за «наш» год. По-видимому, этот переход от одной измерительной системы к другой и обозначен в Библии тем, что Бог положил длительность жизни людей в 120 лет (где-то между 40 и 60 годами по-нашему). А иначе откуда бы взяться этой цифре? Кстати, этот переход между системами заметен в длительности жизни людей между Ноем и Авраамом. Может, это и была путанница с двумя параллельными системами измерения времени.

В такой ситуации Сарра могла родить в 48, или 32 года. Оба этих срока с учетом средней продолжительности жизни весьма велики для того времени (что и отмечено современники), но оба вполне реальны.

Остается еще один вопрос, кажущийся очень важным. Как могло происходить все это несуразное использование каких-то странных систем измерения в тот момент времени, когда египтяне давно уже определили циклы разлива Нила, сопоставили их с астрономическими наблюдениями и владели десятиричной системой? Они уже точно знали, что же такое год.

А как тогда мы должны относиться к неудобной системе измерений расстояний и температур в США в то время, как весь мир пользуется более удобной Международной Системой. И почему православная церковь никак не хочет перейти на Григорианский календарь в то время, как любой школьник знает, что оборот Земли вокруг Солнца приблизительно на 6 часов длиннее, чем в Юлианском календаре. Какие бы сейчас причины ни были названы, они будут говорить, что и сейчас возможны разные системы измерений. Что же мы хотим? Чтобы «на минутку забежавшие» в Египет евреи моментально отказались от своего божественного календаря и поверили в египетских богов? Или это сделали бы шумеры?

Итак, мы видим, что в разных местностях, иногда отстоящих друг от друга на небольшие расстояния (как, например, города в Междуречье) могут быть разные системы исчисления «лет-урожаев». А уж, тем более, если разговор идет о разных частях света (Европа и Азия).

Предложенный подход, вполне возможно, позволит устранить несуразности в датировках Потопа, да и все другие несуразности, установить реальные сроки жизни древних царей. А, может, даже станет понятной ситуация в истории цивилизации, почему мы так хорошо знаем все о временах до нулевого года нашей эры, а потом история как бы начинается с 1000-ного года. Я понимаю, что это гигантская работа (попробуйте узнать, что тогда выращивали в Уре?), но не стоять же перед фактами в недоумении.

Черкасов А. А.

Гражданская война в России (1917–1922 гг.): Кубань и Черноморье в условиях углубления социально-политического кризиса (февраль - октябрь 1917 года)

Аннотация

В статье рассматривается социально-политическая обстановка на территории Черноморской губернии и Кубанской области России в период Временного правительства (февраль – октябрь 1917 г.). Уделено внимание причинам социальной напряженности и усугублению общественного кризиса.

С момента окончания Гражданской войны темой ее изучения занималось ни одно поколение историков. Продвигаясь вперед, обобщая пройденные исторические ступени, историки вынуждены были отступать перед очередным, кажущимся неожиданным поворотом. Насколько российская история XX в. была богата переменами, настолько историография, посвященная Гражданской войне, была изменчива. Пишется это не в укор прошлым и настоящим поколениям историков, а с целью напомнить об особой общественной функции этой отрасли знаний, откуда каждое новое поколение граждан страны почему-то очень избирательно черпает так называемый «исторический опыт», предъявляя свой социальный заказ исследователям.

Именно поэтому тема Гражданской войны сегодня привлекает внимание многочисленных историков и публицистов. Несмотря на то, что тема стала изучаться еще в 1920-е гг., многие аспекты проблемы, находящиеся вне социального заказа, не стали предметом исторического осмысления. Лишь со второй половины 1980-х гг. начался новый этап исследования гражданского противостояния в России.

История Гражданской войны на Кубани и Черноморье уникальна. Она наложила отпечаток на все многочисленные события и изменения политического строя Кубано-Черноморского региона, в котором власть переходила от одной силы к другой несколько раз. В результате в разное время здесь присутствовали и красные, и белые и зеленые[1]. В данной статье мы хотели бы уделить внимание некоторым причинам социально-политической напряженности в регионе в период деятельности Временного правительства.

Первые дни после Февральской революции отмечались массовым ликованием социалистических и центристских партий. 10 марта в Екатеринодаре прошла манифестация, символизирующая единство, в которой приняли участие дислоцированные в городе воинские части и население.

Февральская революция не привела к появлению на Кубани единой системы новых государственных органов. Политика Временного правительства не предусматривала коренной реорганизации органов власти в казачьих областях. В марте 1917 г. военный министр А.И. Гучков издал приказ «О реорганизации местного гражданского правления казачьего населения», предусматривающий отмену всех ограничений прав казаков, не связанных с особыми условиями военной службы, и реорганизацию местного управления казачьими войсками на началах самого широкого самоуправления в соответствии с историческим прошлым казачьих войск [2]. Следующим приказом А.И. Гучкова на казачьи съезды возлагались обязанности по подготовке плана мероприятий по улучшению самоуправления казачества. Однако Временное правительство следующего состава (первое коалиционное правительство) этими проблемами не занималось, хотя и пыталось заигрывать с казачеством [3].

В Кубанской области остался старый аппарат управления, и появились новые органы власти — гражданские комитеты. Им противостояли немногочисленные советы, имевшиеся в основном в городах. В советской историографии в связи с давлением политической конъюнктуры роль советов в рассматриваемый период преувеличивалась. На самом же деле в 1917 г. весь пролетариат Кубани, чьи представители составляли большинство в советах, составлял 102 тыс. человек, половина из которых находилась в Екатеринодаре [4]. Всего же пролетариат насчитывал 11,5 % от общей численности населения Кубани [5].

В начале марта в состав Екатеринодарского совета, насчитывающего 9 человек, вошли сочувствующие ему 7 солдат и 5 казаков, в то время как в городской гражданский комитет входило 36 человек, причем большинство из них составляли казаки, а некоторые члены комитета являлись и членами совета. Гражданский комитет был создан городской думой и представлял реальную власть в городе. Он привел к присяге городскую полицию, несмотря на противодействие некоторых членов совета.

На наш взгляд, неудачи в деятельности советов объяснялись как их слабой социальной базой в Кубанской области, так и тем, что в составе советов оказалось большое количество членов партий меньшевиков и эсеров, которые фактически уступили инициативу построения новых органов власти гражданским комитетам и казачьим Радам. В кубанской периферии реальной властью оставались станичные правления, а советов казачьих депутатов вообще не было.

В марте решением Временного правительства был образован всесословный Временный кубанский облисполком. В основном в него вошли члены Екатеринодарского гражданского комитета, затем в его состав были кооптированы представители казачества. Во главе исполкома стояло бюро под руководством комиссара Временного правительства Кубанской области, члена Государственной Думы, казака К.Л. Бардижа.

По всей России произошла некоторая трансформация городских дум. Городская дума Екатеринодара 17 марта вынуждена была согласиться с введением в ее состав по 12 представителей от гражданского комитета и Совета рабочих и воинских депутатов [6]. Это не изменило ее классового состава: 22 марта на заседании думы присутствовали 78 цензовых гласных и лишь 19 представителей гражданского комитета и Совета рабочих и воинских депутатов.

Изменения переживало и казачество. В самом начале марта к населению Майкопского отдела обратился атаман генерал-майор Третьяков. Он обнародовал суть манифестов и призвал население соблюдать спокойствие, помнить своих отцов и детей, находящихся на фронте, чтобы довести войну до победного конца [7].

7 марта 1917 г. наказным атаманом Кубанского казачьего войска генералом от инфантерии Бабычем был обнародован приказ № 103, дублирующий телеграмму Военного министра Временного правительства А.И. Гучкова о сохранении спокойствия в войсках. 9 марта приказом № 110 наказного атамана было отменено титулование казачьих офицеров, разрешалось курить в общественных местах и т.д. [8].

В тот же день, не выдержав разрушительных изменений в Кубанском казачьем войске, подал в отставку наказной атаман генерал от инфантерии Бабыч. В своем последнем приказе за № 127 он отмечал: «...Ныне оставляя службу родному Кубанскому казачеству, я, старый казак, даю мой последний завет Вам — любите и берегите вашу Великую Матушку — Русь и наше седое Кубанское войско, служите честно своему правительству, как привыкли Вы вообще служить, слушайте Ваших Начальников, так как в противном случае не будет порядка, а не будет порядка, будет полный развал, который, избави Боже, и послужит на пользу наших врагов.

Твердо, однако, верю, что Вы до этого не допустите и своим исполнением распоряжений и указаний нового Правительства поддержите порядок и армию, в том числе и наших братьев и сынов Кубанцев, ведущих, быть может, последний смертельный бой с беспощадным врагом.

Прощайте. Да хранит всех Вас Господь» [9].

Иначе развивалось строительство гражданских комитетов в тех станицах и селах Кубани, где усилилось движение иногородних. По социальному и сословному составу, обязательному представительству («непременные» члены), порядку образования, задачам и компетенции они отличались от городских выборных органов самоуправления. Требования иногородних находили свое выражение в стремлении к созданию всесословных органов управления и предоставлению им равных прав с казаками. В условиях революции Временное правительство вынуждено было их удовлетворять. В соответствии с его указанием был образован всесословный временный Кубанский областной исполнительный комитет для организации местных исполкомов и руководства ими. Он был сформирован из состава Екатеринодарского гражданского комитета 9 марта. Областной исполком принял решение о кооптации представителей казачьих верхов во всесословный временный Кубанский областной исполнительный комитет. Во главе областного исполкома стояло исполнительное бюро из пяти человек под председательством комиссара Временного правительства К.Л. Бардижа [10]. Но, убедившись, что образовавшийся властный орган обладает слишком левой направленностью, Бардиж 18 марта сложил с себя эти полномочия [11].

В мае вышел первый номер большевистской газеты «Прикубанская правда», который вызвал негативный резонанс не только в среде казачества, но даже в среде умеренных социалистических партий. Это произошло ввиду начала широкомасштабной агитации большевиков за прекращение войны. Оппоненты большевиков напоминали также о «запломбированном вагоне», в котором Ленин перебрался из Германии в Россию, и уличали большевиков в шпионаже в пользу Германии, направленном на подрыв своего государства.

Антибольшевиские действия достигли своей кульминации 20 мая, когда состоялась демонстрация в поддержку Временного правительства. На нее вышли все политические партии (за исключением большевиков), представители казачества, а также воинские части Екатеринодарского гарнизона. В колоннах демонстрантов были знамена и транспаранты с лозунгами: «Вон Ленина и его приспешников! Граждане, довольно розни. Объединяйтесь!», «Долой анархию! Полная поддержка Временному правительству!», «Да здравствует могучее объединенное казачество!». События 20 мая продемонстрировали силу объединенной коалиции партий и Временного правительства. Тем не менее, политического единства в коалиции не было, в чем коренилась причина ее недолговременности.

Вечером 31 мая на улицы Екатеринодара вышли рабочие заводов с лозунгами: «Долой гражданский комитет!», «Долой Бардижа!». Инициатором шествия стали умеренные социалисты и большевики.

По указанию Временного правительства областной исполком приступил к разработке вопроса о создании земельных комитетов и введении на Кубани земств, избираемых на демократической основе. Со стороны казачьей администрации эти события вызвали бурную реакцию. 19 июня 1917 г. глава войскового правительства И.Л. Макаренко заявил, что при выборах управление окажется «у того элемента, который ничего не имеет». Лидер Рады Н.С. Рябовол угрожал: если не будет учтена резолюция Рады о том, что вся земля и имущество края принадлежат войску, казаки выйдут из областного Совета. Это решение Войскового правительства было поддержано казачьими сходами в станицах Батуринской, Пашковской и других.

Важной задачей Советов на Кубани была организация профсоюзов. Весь март и отчасти апрель 1917 г. на Кубани создаются профсоюзные организации, имевшие свое представительство в Совете. На заводах П.В. Буковского роль профсоюзного комитета была настолько велика, что прием и увольнение рабочих производилось через этот рабочий орган [13].

После июльских событий в Петрограде двоевластие закончилось, а оказавшиеся у власти в стране умеренные социалистические партии консолидировались с кадетами. На

Кубани в это время Кубанский областной совет теряет политический вес. Политическое противоборство между Советом рабочих и солдатских депутатов, с одной стороны, и Кубанской Войсковой Радой, с другой, — обостряется.

Войсковое правительство принимает меры для усиления своей власти. В июле войсковое правительство и Рада пытались решить три основные задачи: подавить революционную стихию в крае установлением военного положения; создать централизованные органы управления Кубанской областью, сосредоточив власть в руках Кубанской Рады; оказать помощь Временному правительству для подавления революционного движения. Необходимо отметить, что иного выбора у Кубанской Рады не было: для того, чтобы сохранить традиционный образ правления в Кубанской области, были необходимы жесткие меры.

В конце июля было издано постановление войскового правительства об исполнении на Кубани постановления Временного правительства об учреждении милиции. Милиционный округ был создан в каждом отделе и делился на милиционные районы. Начальником отдельской милиции становился помощник атамана отдела. В населенных пунктах вводилась должность старшего милиционера, на которую назначался помощник атамана станицы [14]. Начальник милиции отдела и района, функции которого до революции выполнял атаман, назначался войсковым правительством.

Позиции Войскового правительства усиливались. 9 июля комиссар Временного правительства Бардиж объявил, что «органом, в ведении которого находятся все неупраздненные установления местной власти, является войсковое правительство» [15]. Это заставило руководство умеренных социалистических партий Екатеринодарского Совета, областного исполкома Советов крестьянско-казачьих депутатов, а также областного исполкома иногородних принять 9 июля резолюцию, характеризующую положение на Кубани следующим образом: «Переход всей власти в руки войскового правительства угрожает иногороднему населению, составляющему 57 % всего населения области, лишением гражданских прав и участия в общественной жизни… Благодаря пропаганде идей сословного казачьего управления… станичными властями насильственно упраздняются гражданские комитеты. Поступают сведения о начавшихся преследованиях иногородних. Популярные представители иногороднего населения незаконно и беспричинно выселяются» [16].

В ответ на усиление войскового правительства на Кубани

начались аграрные волнения. Самозахваты помещичьих и войсковых земель приобрели значительные размеры. Для предотвращения беззаконий распоряжениями от 19 июля и 14 августа 1917 г. К.Л. Бардиж санкционировал начало борьбы с попытками самозахватов земель [17].

Эсеры пытались воспользоваться аграрными беспорядками для усиления Кубанского областного Совета и его местных органов. В первой половине августа эсеры созвали II крестьянско-казачий съезд Советов, который осудил политику комиссара Временного правительства на Кубани. Однако аграрный вопрос так и не был решен.

В конце августа во время Корниловского мятежа в России сложился союз большевиков и умеренных социалистов против кадетов, который, хотя и продолжался только в течение пяти дней, с 26 по 31 августа, стал условием победы над Корниловым.

Корниловский мятеж на территории Кубанской области был оценен неоднозначно [18]. Приведем лишь резолюцию конференции казачьих войск и горских народов Кубанской области, принятую 20—25 сентября 1917 г.: «Мнимый мятеж на Дону оказался делом злостной и предательской провокации. В этом деле в полной мере обнаружилась ужасающая неосведомленность Временного правительства и отдельных представителей военной власти, едва не приведшая к братоубийственной войне.

Постепенное разоблачение обстоятельств мятежа генерала Корнилова и самые противоречивые заявления отдельных членов Временного правительства и его ближайших сотрудников по этому делу создают впечатление, что дело о мятеже генерала Корнилова могло оказаться также результатом планомерной предательской провокации борющихся за власть ответственных и безответственных лиц и организаций.

Народная совесть, по мере выяснения загадочных обстоятельств дела, все более смущается сомнением в безошибочности официального толкования этого сложного дела, и она приходит к своей собственной оценке смысла этого события» [19]. Таким образом, конференция казачьих войск и горских народов высказала недоверие официальной версии корниловского мятежа, что в первую очередь свидетельствует о децентрализации государства и его органов власти.

В соответствии с директивами VI съезда партии РСДРП(б) большевики осуществляли подготовку Красной гвардии: на окраинах Екатеринодара создавались боевые дружины, рабочих обучали военному делу, запасали оружие. Большой вклад в организацию Красной гвардии Екатеринодара в 1917 и 1918 гг. внесли Я. Яцкевич, Н. Волик, Ф. Дроздов и др. [20]

В этой напряженной обстановке Кубанская Рада решила расширить социальную базу и укрепить свое положение. Для привлечения землевладельческой части иногородних она приняла резолюцию, в которой говорилось: «Гражданские права и обязанности в вопросах, как управления, так и самоуправления, кубанское коренное население осуществляет наравне с казачеством немедленно» [21].

Атаманом Кубани избрали автономиста А.П. Филимонова, а правительство возглавил федералист И.Л. Макаренко. Принятие Временных положений стало последним значимым событием в кубанской истории до октябрьского переворота большевиков.

14 октября было обнародовано предписание Кубанского Войскового правительства за № 3442, согласно которому предлагалось командировать в Екатеринодар от каждого населенного пункта лицо, пользующееся доверием коренного населения, на курсы подготовки инструкторов по выборам в Учредительное собрание[22].

Не менее бурную жизнь в период с февраля по октябрь 1917 г. переживало население Черноморья.

То, что происходило в первые дни революции в Екатеринодаре, с небольшими видоизменениями характерно было и для Черноморья. В Новороссийске сразу же, по получении известий о перевороте, были созданы комитет общественной безопасности и Совет рабочих, солдатских и матросских депутатов. Председателем Совета был избран меньшевик В. Прохоров. Комитет общественной безопасности сменил полицию, создал печатный орган «Свободная Россия» и начал проводить работу по руководству всеми сторонами городской жизни [23].

Изменения произошли и в Сочи. В начале 1917 г. строящаяся линия Черноморской железной дороги достигла города Сочи, в связи с этим немногочисленный контингент сочинских рабочих пополнился 15 тысячами артельщиков железнодорожного строительства [24]. Эти люди и стали авангардом политической жизни города после отречения императора Николая II 2 марта 1917 г. Начались большие перемены: были образованы городское самоуправление, городская коллегия, милиция, комиссариат округа, многочисленные профсоюзные организации.

Созданный в Сочи Совет рабочих и солдатских депутатов оказался под управлением меньшевиков и эсеров. Первым председателем Сочинского Совета был избран социал-демократ (меньшевик) С.Я. Тер-Григорян (прапорщик городской береговой батареи). На пост представителя Временного правительства — окружного комиссара — был назначен эсер, вольноопределяющийся одного из кавказских полков Н.В. Науман [25]. Таким образом, власть от начальника округа перешла к двум партийным группам — эсеров и меньшевиков. Столь быстрая смена власти была связана с тем, что до мая в городе не находилось практически ни одного большевика, способного хоть сколько-нибудь повлиять на выборы в Совет. Помимо этого, как уже указывалось, Сочи был молодым курортным городом, и в нем на поселении находилось много нежелающих возвращаться в столицы чиновников и дворян дореволюционного правительства.

В апреле вернулись с каторги из Иркутской губернии большевик Н.П. Поярко и несколько его сподвижников, но власть уже была распределена, политическая атмосфера в округе стабилизировалась [26]. Сочинский Совет рабочих и солдатских депутатов активной роли в местной жизни до большевистского переворота не играл. Депутаты собирались крайне редко, выносили запоздалые резолюции, стараясь придерживаться политической линии Петроградского Совета.

Численность социал-демократов была сравнительно небольшой: в начале 1918 г. членов РСДРП (меньшевиков и большевиков) в Сочинском округе насчитывалось всего 200 человек (для сравнения — в Туапсинском округе, втрое меньшем территориально, их было 476 [27]). И это после захвата власти большевиками в Петрограде, когда к партии власти приписались самые разные политические проходимцы и авантюристы.

Влияние большевиков в городе стало постепенно увеличиваться, чему способствовали их призывы к прекращению Первой мировой войны, находившие отклик у солдат 20-го железнодорожного батальона, который специально был прислан из Петрограда для усиления влияния социал-демократов в регионе. Пользуясь поддержкой этого пришлого контингента, Поярко стал выдвигать большевиков на руководящие должности [28].

Летом 1917 г. обстановка в Сочи постепенно накалялась: политическое общество стало разделяться на поддерживающих социалистов и их противников. Иными словами, за социал-революционеров и социал-демократов выступали рабочие и крестьяне, а против — кадеты, аристократия, отставные военные, чиновники и, наконец, офицеры.

Практически сразу активность начали проявлять черноморские крестьяне. Так, например, крестьяне г. Хосты потребовали немедленно наделить землей всех безземельных и малоземельных граждан до такой нормы, чтобы каждый мог ее обрабатывать только силами своего семейства [29]. Хосту — прибрежное поселение — в основном населяли прибывшие в ходе Столыпинской реформы крестьяне, а следовательно, там на мужскую душу приходилось всего 3 десятины земли, поэтому большинство хостинцев являлись малоземельными и соответственно не отличались зажиточностью. Аналогичные действия предпринимались в Туапсинском округе.

С падением самодержавия в России отсутствие у человека политической принадлежности считалось «плохим тоном». Эта особенность не обошла и Черноморье, в котором демократические, профессиональные и общественные организации стали создаваться весьма интенсивно. Так, например, 30 апреля был создан Союз служащих правительственных учреждений Сочинского округа Черноморской губернии [30], 5 мая — Союз поваров и студенческая организация [31], в октябре — Сочинское общество народных университетов [32], а 1 ноября — сочинская организация Союза увечных воинов [33].

Национальные противоречия на Кубани и Черноморье в период Временного правительства не получили распространения.

Таким образом, в период власти Временного правительства в регионе четко обозначились противоборствующие силы назревавшей Гражданской войны.

Большевики — малочисленная политическая сила, но настроенная леворадикально, которая находила поддержку в рядах пролетариата и малоземельного казачества. В военном отношении большевики в регионе могли делать ставку лишь на успешную пропаганду среди уже имеющихся военных частей.

Кубанское казачье войско выступало в большей степени как правая сила, обладающая внутренней организацией, опирающейся на отлаженную военную машину, которую оно могло эффективно противопоставлять агитационной пропаганде большевиков, хотя в некоторой степени попадало под влияние большевистских лозунгов. Кубанское казачество являлось полувоенным сословием со значительным количеством представителей офицерского сословия, выражающего в условиях Гражданской войны позицию практически всего кубанского казачества.

Умеренные социалистические партии социал-революционеров и социал-демократов (меньшевиков), влияние которых и на Кубани, и в Черноморье было подавляющим, занимали центристскую позицию, приводящую то к компромиссам с большевиками, то к соглашениям с Кубанской Радой. В военном смысле эсеры и меньшевики могли представлять опасность лишь в ходе стихийных крестьянских и рабочих волнений.

Литература и примечания

1. Черкасов А.А. Гражданская война в России: образование Комитета освобождения Черноморской губернии и его вооруженных сил (1919–1920 гг.) // Научный журнал Власть и общество (история, теория, практика). 2011. № 1. С. 50–62; Черкасов А.А. Комитет освобождения Черноморской губернии (1 декабря 1919 – середина мая 1920 гг.) (продолжение) // Былые годы. Черноморский исторический журнал. 2010. № 3. С. 88–95.
2. Сборник указов и постановлений Временного правительства 27 февраля — 5 мая 1917 г. Петроград, 1917. Вып. 1. С. 326—327.
3. Кириенко Ю.К. Временное правительство и казачество (период мирного развития революции) / Проблемы истории казачества XVI—XX вв. Ростов н/Д, 1995. С. 101.
4. Сергеев В.Н. Советы рабочих депутатов и казачество весной 1917 г. / Проблемы истории казачества XVI—XX вв. Ростов н/Д, 1995. С. 37.
5. Очерки истории Кубани с древнейших времен по 1920 г. / Под общ. ред. В.Н. Ратушняка. Краснодар, 1996. С. 394.
6. Журнал Екатеринодарской городской думы. 1917. 18 марта.
7. Государственный архив Краснодарского края (ГАКК). Ф. 1. Оп. 1. Д. 695. Л. 1.
8. Там же. Л. 18.
9. ГАКК. Ф. 1. Оп. 1. Д. 695. Л. 22.
10. Назначен вместо наказного атамана.
11. Свободная Кубань. 1917. 23 марта.
12. Ладоха Г. Очерки гражданской борьбы на Кубани. Краснодар, 1923. С. 41.
13. Листок войны. 1917. 11 июня.
14. Там же. 1917. 20 июля.
15. Кубанский край. 1917. 12 июля.
16. Вольная Кубань. 1917. 23 июля.

17. Там же. 1917. 18 июля.
18. Черкасов А.А. К вопросу о гражданской войне на Кубани и Черноморье 1917–1922 гг.: причины, ход, итоги // История и историки в контексте времени. 2004. № 2. С. 36.
19. ГАКК. Ф. Р-6. Оп. 2. Д. 3. Л. 3об.
20. Сенцов А.А. Рождение Кубано-Черноморской республики (1917—1918): Из истории становления советской государственности. Краснодар, 1984. С. 44.
21. Вольная Кубань. 1917. 3 окт.
22. ГАКК. Ф. Р-10. Оп. 1. Д. 688. Л. 7, 11.
23. Ладоха Г. Очерки гражданской борьбы на Кубани. Краснодар, 1923. С. 33.
24. Как уже отмечалось в предыдущем параграфе, это кубанские разорившиеся крестьяне, ремесленники и торговцы.
25. В это время ему был всего 21 год.
26. Архивный отдел администрации города Сочи (АОАГС). Ф. Р-282. Оп. 1. Д. 7. Л. 11.
27. ГАКК. Ф. Р-1359. Оп. 1. Д. 31. Л. 1.
28. АОАГС. Ф. Р-282. Оп. 1. Д. 7. Л. 12.
29. Известия Туапсинского Совета (Туапсе). 1917. 30 апр.
30. АОАГС. Ф. 8. Оп. 1. Д. 80. Л. 10.
31. Солдат и рабочий (Сочи). 1917. 12 июня.
32. Там же. 11 окт.
33. Там же. 1 нояб.

Серия: **МАТЕМАТИКА**

Хижняк Н.Г.

Основы математики

Аннотация

Введение в математику единиц измерения как математического элемента, равнозначного числам, позволяет определять математическими методами многие фундаментальные свойства окружающего мира.

Оглавление

1. Основные аксиомы математики

Математика – это законы, по которым существует окружающий мир. Законы математики одинаковы для любых вселенных с любым количеством измерений.

Математика – это правила без исключений. Если в математическом правиле появляется исключение – это правило необходимо изменять. Данное утверждение является универсальной формулой научных открытий в математике.

Математика – это абстракция. Абстрактность математики заключается в том, что законы математики действуют всегда и везде одинаково.

Математика – это замкнутая система. Если получен правильный математический результат, то существует бесконечное количество путей, приводящих к точно такому же результату.

Математика – это симметрия. Абсолютная симметрия в математике – это предел развития математики как науки.

Математика – это относительность. Положительных и отрицательных чисел в природе не существует. Положительные и отрицательные числа – это отражение нашего личного мнения в математике. Отрицательное число – признак относительной системы координат, положение которой зависит исключительно от нашего выбора её центра. Одна и та же точка может иметь разные знаки и разные числовые значения в различных относительных системах координат.

Математика – это основа общения и взаимопонимания разумных существ из разных цивилизаций. Геометрия в переводчиках не нуждается. Математика заканчивается там, где начинается человеческая логика.

2. Некоторые понятия

Знак равенства отражает причинно-следственные зависимости окружающего мира. Если **2 x 2 = 4**, это совсем не означает, что **4 = 2 x 2**. Существует бесконечное множество решений, приводящих к точно такому же результату – четыре. **2 x 2** – лишь одно из них.

В математике существует три основных равенства:

0 = 0

1 = 1

0 = 1

Все физические законы и математические уравнения сводятся к одному из этих равенств.

В математике можно выделить такие основные элементы: ноль, единица, любое число и единица измерения.

Числа отражают количественную характеристику чего-либо. Любое число равно любому числу – это свойство чисел позволяет выделить их в особую группу, которую принято обозначать словом «число». Все отдельно взятые числа обладают одинаковыми математическими свойствами.

Любым числом является положительное действительное число больше единицы. Если к одному любому числу прибавить другое любое число первое число увеличится. Точно так же любое число увеличится при умножении его на другое любое число. Если из любого числа вычесть другое любое число, первое число уменьшится. Если одно любое число разделить на другое любое число, первое число уменьшится.

Единица является числом, но не является любым числом, поскольку при умножении и делении на единицу любое число остается неизменным. Единица является нейтральным элементом при умножении и делении.

Геометрически любое число изображается точкой. Все числа образуют числовой луч с началом в точке «единица». Числовой луч не имеет конца. Любое число можно обозначить знаком «бесконечность», поскольку любое число может быть как угодно большим.

Единицы измерения отражают качественную характеристику чего-либо. Любая единица измерения равна любой единице измерения. Все единицы измерения обладают одинаковыми математическими свойствами. Универсальными единицами измерения чисел являются системы счисления: двоичная, десятеричная, шестнадцатеричная и др.

Геометрически любая единица измерения изображается отрезком (двумя точками): точка «ноль» – это начало единицы измерения, точка «единица» – это конец единицы измерения.

Ноль не является числом, поскольку при прибавлении нуля к любому числу и вычитании нуля из любого числа это число остается неизменным. Ноль является нейтральным элементом при сложении и вычитании. Ноль является началом абсолютной системы координат. В относительной системе координат ноль является точкой зеркальной симметрии.

В точке «единица» происходит связь единицы измерения с любыми числами. Единица является точкой обратной симметрии в абсолютных и относительных системах координат.

Точка – это замкнутое пространство с радиусом кривизны равным нулю. Любое пространство состоит из бесконечного количества точек. Через любую точку пространства можно провести бесконечное количество взаимно перпендикулярных прямых. Все точки пространства обладают свойствами как нуля, так и единицы, что позволяет беспрепятственно и произвольно налагать любую относительную систему координат и применять любой вид симметрии в любой точке пространства. В любой точке пространства выполняется равенство: ноль равен единице. Уравнение точки $\mathbf{0 = 1}$. Свойства нуля и единицы для одной точки пространства не могут проявляться одновременно в одной системе координат.

Прямая – это открытое пространство с радиусом кривизны равным единице деленной на ноль, состоящее из отдельных точек.

В математике необходимо различать следующие виды углов: угол масштаба, тригонометрический угол, угол поворота.

Угол масштаба – угол в пределах от **0** до **90** градусов. Угол масштаба может равняться нулю, но не может равняться **90** градусов. Этот угол отражает количественные изменения в пределах одной единицы измерения. Любые изменения угла масштаба не могут привести к качественному изменению единицы измерения.

Тригонометрический угол – угол в пределах от **0** до **90** градусов. Тригонометрический угол может равняться как нулю, так и **90** градусов. Этот угол отражает зависимости между единицами измерения (проективные свойства пространства) и условия качественных изменений единиц измерения. Зависимость количественных изменений единиц измерения от тригонометрического угла выражается тригонометрическими функциями. Качественные изменения единиц измерения происходят при значениях тригонометрических функций равных нулю и единице, деленной на ноль.

Угол вращения – угол, который может иметь любые значения. В диапазоне от **0** до **90** градусов угол вращения численно может совпадать с тригонометрическим углом или углом масштаба. Угол вращения отражает круговое перемещение без изменения количественных или качественных характеристик единицы измерения.

Прямой угол отличается от всех остальных углов тем, что взаимной проекцией двух пересекающихся прямых является точка. Для всех других значений угла проекцией одной прямой на другую является прямая. При угле, равном нулю, прямые совпадают. Математической единицей измерения углов является угол, равный 45 градусов. Эта единица измерения углов подчиняется правилам двоичной системы счисления.

Относительность в математике

Все различия между двумя числами или двумя единицами измерения выявляются только при сравнении двух чисел или двух единиц измерения. Все результаты сравнения являются относительными, поскольку зависят от того, какой из двух элементов берется за основу при сравнении. Относительность результатов сравнения отображается различного вида симметриями. Если за основу симметрии берется точка «ноль», то в результате получается зеркальная симметрия. Если за основу симметрии берется точка «единица» - в результате получается обратная симметрия. Для единиц измерения углов обратная симметрия трансформируется в перпендикулярную симметрию, которой обладают значения тригонометрических функций.

Сравнение двух любых чисел не возможно без наличия общего основания, в качестве которого выступает единица измерения. Для расположения любых чисел в порядке возрастания в современной математике в качестве единицы измерения чисел используются системы счисления: двоичная, троичная, восьмеричная, десятеричная, шестнадцатеричная и другие. Сравнение двух чисел с различными основаниями не возможно без приведения их к общему основанию.

Сравнение двух чисел при разных единицах измерения становится возможным при использовании третьей единицы измерения – одной из систем счисления, например, десятеричной.

Результат сравнения двух чисел описывается понятиями «больше» и «меньше». Относительность сравнения чисел выражается в том, что результат сравнения зависит от того, какое число берется за основу при сравнении. Например, если сравнивать числа 2 и 3, мы получим два результата:

2 меньше 3

3 больше 2

На первом месте принято записывать число, которое берется за основу при сравнении, на втором - то число, с которым оно сравнивается. Результаты сравнения обладают свойством зеркальной симметрии – при изменении основания результат изменяется на противоположный. Точкой зеркальной симметрии является равенство двух сравниваемых чисел. Результаты сравнения двух чисел аналогичны относительной системе координат:

меньше – равно – больше

минус – ноль – плюс

Сравнение двух единиц измерения возможно при наличии общей точки «ноль». Результатом сравнения двух различных единиц измерения может быть заключение о перпендикулярности или параллельности этих единиц измерения. Параллельность или перпендикулярность одной единицы измерения относительно другой – это понятия относительные.

3. Числовая ось

В математике принято изображать числа в виде числовой оси. Рассмотрим преобразование числового луча в числовую ось.

Обратная симметрия позволяет получить числа меньше единицы. Поскольку точкой обратной симметрии является единица, эта симметрия не зависит от единиц измерения. Обратная симметрия отражает относительность понятий «больше единицы» и «меньше единицы» при сравнении двух чисел. В случае сравнения двух чисел в обязательном порядке нужно принять одно из этих чисел в качестве единицы измерения.

После введения единицы измерения мы получаем абсолютную систему координат для любой единицы измерения. Единица измерения на рисунке изображена в традиционно принятом варианте – с наложением на область обратных чисел. При наложении зеркальной симметрии, точкой которой является ноль, мы вводим отрицательные числа и получаем относительную систему координат. Все перечисленные преобразования изображены на рисунке ниже, где знаком бесконечности обозначено любое число.

4. Относительность понятия «любое число»

Для получения числовой оси не имеет значения, какие из чисел приняты за любое число: положительные больше единицы, положительные меньше единицы, отрицательные больше минус единицы или отрицательные меньше минус единицы. Наложение обратной и зеркальной симметрий на любую из этих групп чисел приводит к получению всего ряда действительных чисел.

От выбора группы чисел в качестве любого числа будут зависеть результаты математических действий – это различные комбинации увеличения или уменьшения любого числа в результате конкретного математического действия. В таблице ниже возможные варианты понятия «любое число» обозначены точно так же, как соответствующие им фрагменты числовой оси в традиционно принятом виде. Для наглядности увеличение любого числа продублировано знаком «+», уменьшение – знаком «-», соответствующие ячейки выделены разным цветом.

Любое число	Математические действия			
	сложение	вычитание	умножение	деление
$1 < \infty$	увеличение +	уменьшение –	увеличение +	уменьшение –
$0 < \frac{1}{\infty} < 1$	увеличение +	уменьшение –	уменьшение –	увеличение +
$-1 < -\frac{1}{\infty} < 0$	уменьшение –	увеличение +	уменьшение –	увеличение +
$-\infty < -1$	уменьшение –	увеличение +	увеличение +	уменьшение –

Как видно из таблицы, сложение и вычитание зеркально симметричны относительно точки «ноль». Умножение и деление зеркально симметричны относительно двух точек – точки «единица» и точки «ноль», при этом обратная симметрия зеркально симметрична относительно точки «ноль». Все рассуждения о первичности и вторичности математических действий являются заблуждением. Симметрия математических действий рассмотрена в отдельной статье [«Доклады независимых авторов», № 18, 2011 г., стр. 110].

5. Единицы измерения и математические действия

Симметричность сложения и вычитания относительно точки ноль свидетельствует о том, что эти математические действия могут выполняться только с одной единицей измерения. Фактически, сложение и вычитание отражают сравнение трех чисел – двух имеющихся и результата. Для разных единиц измерения результат этих математических действий получить не возможно, поскольку числа имеют различные основания, и их сравнение не представляется возможным. Геометрическое отображение сложения и вычитания будет рассмотрено дополнительно.

Симметричность умножения и деления относительно точки «единица» позволяют представить деление как умножение на число, обратное любому числу:

a : b = a x 1/b

Точно так же, умножение на число, обратное любому числу, можно представить как деление на любое число:

a x 1/b = a : b

Традиционное определение простого дробного числа как результата деления двух целых чисел **p** и **q** равнозначно результату умножения целого числа **p** на число, обратное целому числу **q** :

p : q = p x 1/q

Деление следует рассматривать как проекцию результата умножения на один из составных элементов математической операции умножения.

Умножение – это взаимодействие двух различных единиц измерения под прямым углом в точке «ноль». В результате взаимодействия образуется новая единица измерения с началом в точке «ноль», что приводит к качественному изменению взаимодействующих единиц измерения. Математическим действием, противоположным по смыслу умножению, является разложение на сомножители. Разложение выполняется при помощи тригонометрических функций, которые могут иметь числовые и не числовые (**0** и **1/0**) значения. Простейшее подобие разложения под углом в 45 градусов – это извлечение квадратного корня. Более подробно разложение и тригонометрические функции будут рассмотрены дополнительно.

Площадь *(например, площадь прямоугольника)* – это результат взаимодействия двух перпендикулярных единиц измерения длины.

Умножение параллельных единиц измерения не возможно *(при умножении длин двух параллельных сторон прямоугольника, измеренных в метрах, можно получить метры квадратные, но нельзя получить площадь).* Математические свойства единиц измерения будут рассмотрены дополнительно.

Поскольку в математике принято выделять отдельные множества чисел, которые частично входят в понятие «любое число», при желании можно сформулировать математически точные определения для некоторых из них. Например:

единица и все числа, которые можно получить сложением единиц, называются натуральными;

все числа, которые можно получить сложением или вычитанием единиц, называются целыми числами (при вычитании такого же количества единиц, которое имеется, числа обращаются в нуль);

числа, не являющиеся целыми, называются дробными.

6. Величина

Взаимодействие чисел и единиц измерения происходит в точке «единица» и выражается математическим действием умножением. Геометрически единица измерения перпендикулярна числовому лучу. Результат умножения чисел на единицу измерения в дальнейшем будет называться «величина». Все величины изначально имеют одинаковые математические свойства.

Геометрическое изображение любой величины

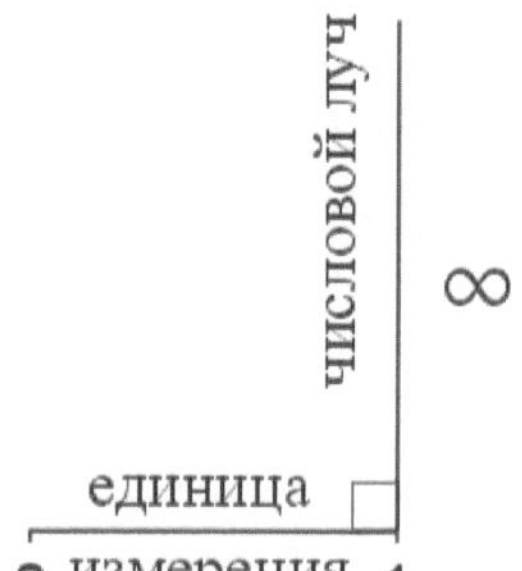

Все единицы измерения в окружающем нас мире можно изобразить двумя способами: с общей точкой «единица» и с общей точкой «ноль». Способ изображения не влияет на свойства составляющих элементов.

Если принять за общую точку единицу, тогда это будет окружность с числовым лучом, выходящим из центра окружности. Радиусами окружности будут являться единицы измерения.

Геометрическое изображение величин с общей единицей

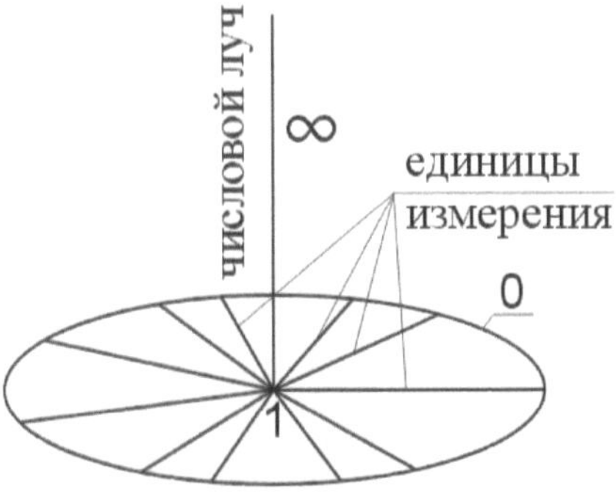

Приблизительно так можно изобразить любую вселенную со всеми имеющимися в ней единицами измерения. Изображение всех единиц измерения в виде радиусов окружности подчеркивает то обстоятельство, что все единицы измерения изначально имеют одинаковые математические свойства.

Геометрическое изображение величин с общим нулем

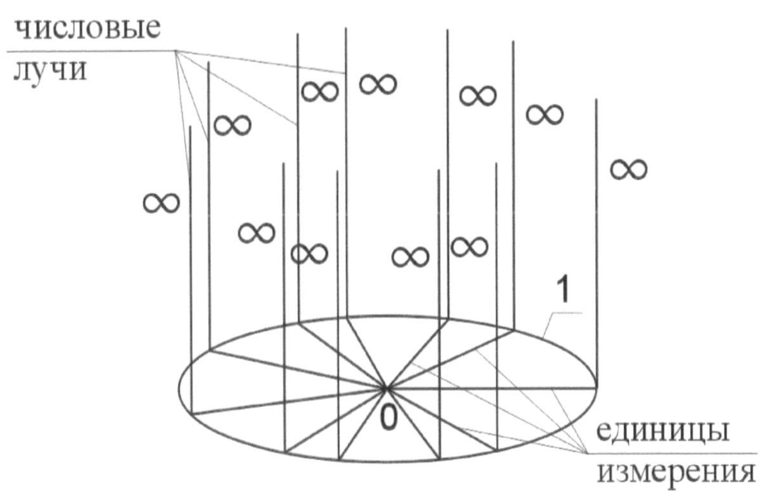

Приблизительно так можно изобразить момент появления вселенной, который принято называть «Большой Взрыв». В этом случае числовой луч графически можно представить в виде числового конуса.

В алгебраическом виде любая величина может быть представлена умножением коэффициента масштаба на единицу измерения. В качестве коэффициента масштаба выступают числа.

Уравнение величины

$$\text{величина} = k \cdot a$$

где: **k** - коэффициент масштаба

a - единица измерения

Геометрически любую величину, которая является результатом умножения коэффициента масштаба на единицу измерения, можно представить в виде гипотенузы прямоугольного треугольника, катетами которого являются единица измерения и часть числового луча.

Геометрическое изображение

любой величины вида **k·a**

Если коэффициент масштаба равен единице, тогда величина равна единице измерения.

7. Угол масштаба

Угол между единицей измерения и величиной является углом масштаба. Угол масштаба отражает изменения коэффициента масштаба любой величины. При увеличении угла масштаба величину можно изобразить так:

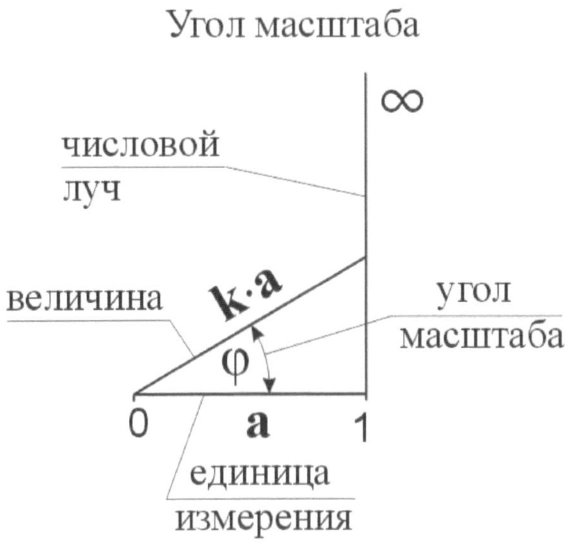

Все математические действия в области чисел (сложение, вычитание, умножение, деление и прочие) сводятся к одному действию: изменению угла масштаба. Так происходит потому, что все математические действия с числами не затрагивают единицу измерения, а изменяют только коэффициент масштаба.

Если коэффициент масштаба величины равен единице, такая величина совпадает с единицей измерения и угол масштаба в этом случае равен нулю. Любую единицу измерения можно представить как величину с коэффициентом масштаба, равным единице.

Если величина не меняется, изменение угла масштаба равно нулю. *В физике невозможно отличить состояние покоя от прямолинейного равномерного движения потому, что изменение угла масштаба скорости в обоих случаях равно нулю. Не нулевое значение изменения угла масштаба скорости называют ускорением.*

Угол масштаба не может равняться 90°. Бесконечность является неотъемлемым атрибутом любой единицы измерения.

8. Изменение угла масштаба

Увеличение угла масштаба можно представить как изменение величины при неизменной единице измерения. Уменьшение угла масштаба можно представить как изменение единицы измерения при неизменной величине. Геометрически в системе прямоугольного треугольника это будет выглядеть следующим образом.

Увеличение и уменьшение масштаба в одинаковое количество раз соответствует одному значению угла масштаба. На этом свойстве углов масштаба основаны тригонометрические зависимости в прямоугольном треугольнике.

С точки зрения математического результата не имеет значения, как описывается изменение величины относительно единицы измерения. Переменная величина при постоянной единице измерения и переменная единица измерения при постоянной величине дадут одинаковое значение угла масштаба.

В общем виде изменение масштаба величины можно представить как поворот единицы измерения на величину угла масштаба. Увеличение или уменьшение масштаба зависит от того, какое положение единицы измерения принято за основу при сравнении и от вида проекции. Увеличение масштаба можно представить как лучевую проекцию на числовой луч, перпендикулярный единице измерения, взятой за основу при сравнении. Уменьшение масштаба можно представить как перпендикулярную проекцию сравниваемой единицы измерения на единицу измерения, взятую за основу.

Поворот единицы измерения
на угол масштаба

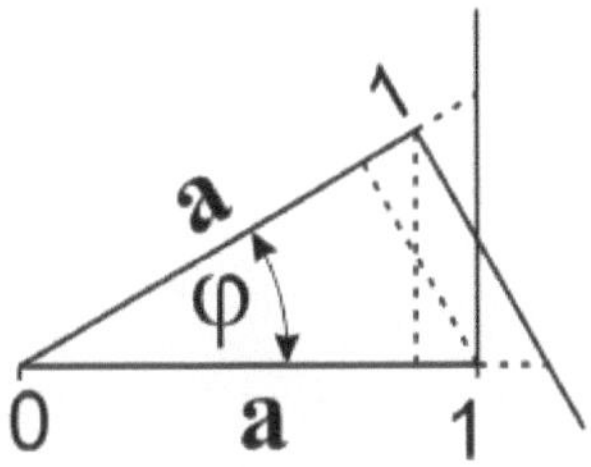

9. Тригонометрические зависимости угла масштаба

Рассмотрим тригонометрические зависимости угла масштаба в двух прямоугольных треугольниках – при увеличении масштаба и при уменьшении масштаба.

Треугольники угла масштаба

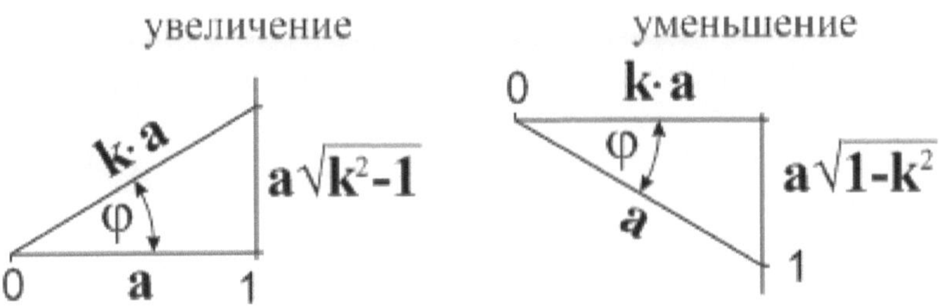

Тригонометрические отношения сторон полученных прямоугольных треугольников для уменьшения и увеличения масштаба сведем в таблицу.

Тригонометрические зависимости

Функция	Изменение масштаба	
	увеличение	уменьшение
$\sin\varphi$	$\frac{\sqrt{k^2-1}}{k}$	$\sqrt{1-k^2}$
$\cos\varphi$	$\frac{1}{k}$	k
$\operatorname{tg}\varphi$	$\sqrt{k^2-1}$	$\frac{\sqrt{1-k^2}}{k}$
$\operatorname{ctg}\varphi$	$\frac{1}{\sqrt{k^2-1}}$	$\frac{k}{\sqrt{1-k^2}}$
$\sec\varphi$	k	$\frac{1}{k}$
$\operatorname{cosec}\varphi$	$\frac{k}{\sqrt{k^2-1}}$	$\frac{1}{\sqrt{1-k^2}}$

Теория относительности Эйнштейна

$$\ell = \ell_0 \sqrt{1-\frac{v^2}{c^2}} \qquad m = m_0 \frac{1}{\sqrt{1-\frac{v^2}{c^2}}} \qquad t = \Delta t \sqrt{1-\frac{v^2}{c^2}}$$

где v — относительная скорость движения объекта

c — скорость света в вакууме

ℓ — длина движущегося объекта

ℓ_0 — длина неподвижного объекта

m — масса движущегося объекта

m_0 — масса неподвижного объекта

t — интервал времени, измеренный движущимися часами

Δt — интервал времени, измеренный неподвижными часами

Полученные результаты можно сравнить с релятивистским радикалом из теории относительности Эйнштейна.

Не трудно заметить, что приведенные в уравнениях радикалы очень похожи на синус и секанс уменьшения угла масштаба. Если выполнить не сложные преобразования, можно получить единицу измерения.

Математические преобразования

$$\ell = \ell_0 \sqrt{1-\frac{v^2}{c^2}} \qquad m = m_0 \frac{1}{\sqrt{1-\frac{v^2}{c^2}}} \qquad t = \Delta t \sqrt{1-\frac{v^2}{c^2}}$$

$$\sin\varphi = \sqrt{1-k^2} \qquad \operatorname{cosec}\varphi = \frac{1}{\sqrt{1-k^2}}$$

где φ — угол масштаба

k — коэффициент масштаба

$$k = \frac{v}{c}$$

$$v = kc$$

Проведенные преобразования указывают на то, что природной единицей измерения скоростей является скорость света. Нет никаких оснований полагать, что при прохождении через точку симметрии коэффициента масштаба происходит изменение тригонометрических зависимостей. По этому, можно предположить, что для сверхсветовых скоростей релятивистский радикал принимает следующие значения.

Теория относительности Эйнштейна

Для сверхсветовых скоростей

$$\ell = \ell_0 \sqrt{1-\frac{c^2}{v^2}} \qquad m = m_0 \frac{1}{\sqrt{1-\frac{c^2}{v^2}}} \qquad t = \Delta t \sqrt{1-\frac{c^2}{v^2}}$$

В общем виде (в углах масштаба)

$$\ell = \ell_0 \sin\varphi \qquad m = m_0 \operatorname{cosec}\varphi \qquad t = \Delta t \sin\varphi$$

На основании вышеизложенного можно выдвинуть следующую гипотезу о строении нашей Вселенной. Скорость сета является естественным барьером, отделяющим досветовою часть Вселенной от сверхсветовой части. Досветовую часть Вселенной мы имеем возможность наблюдать. В силу специфических свойств скорости света, сверхсветовая часть Вселенной не может наблюдаться непосредственно. Можно предположить, что скорость света является осью симметрии распределения вещества во Вселенной. Темная материя и темная энергия, которые оказывают воздействие на нашу часть Вселенной, могут находиться в сверхсветовой части Вселенной.

Если во Вселенной есть высокоразвитые разумные цивилизации, которые овладели сверхсветовыми технологиями, то для передачи информации они будут использовать не электромагнитные волны, обладающие скоростью света, а твердые носители информации на основе темной материи, передающиеся со скоростями, значительно превосходящими скорость света.

Если приравнять тригонометрические зависимости угла масштаба к значениям тригонометрических функций при 90° (это 1; 0 и 1/0), то для уменьшения масштаба они сводятся к равенству 0=1, для увеличения масштаба – к равенству k=0.

Наша Вселенная имеет три ограничения. В пространстве границей вселенной является область, где скорость света равняется нулю. Внешне наша Вселенная является точкой в пространстве. Математическим уравнением вселенной является равенство 0=1 – любая физическая величина со своей единицей измерения в масштабах Вселенной равняется нулю. Этот закон сохранения подтверждается некоторыми исследованиями физиков, в частности, об этом говорится в докладе Андрея Линде [http://elementy.ru/lib/430484].

Кроме пространственного ограничения, существую ограничения скорости. В досветовой части Вселенной это выражается в ограничении длинны – расстояние между двумя положениями любой точки пространства во времени не может равняться нулю. В физике это ограничение принято называть абсолютным нулем температуры. Сверхсветовая часть Вселенной имеет ограничение по времени – время между двумя положениями любой точки в пространстве не может равняться нулю. Мгновенное перемещение в пространстве без перемещения во времени невозможно. Геометрически это можно выразить так: проекция скорости на длину и на время не может равняться нулю. Выполнение этих условий обеспечивается присутствием вращения на самых разных уровнях: атомарном, планетарном, галактическом. Можно предположить, что наша Вселенная так же вращается в пространстве.

Более точное представление о принципах существования Вселенной можно получить после детального изучения скорости света как физического процесса. За основу можно принять положение о том, что скорость света в нашей Вселенной является результатом взаимодействия трех измерений длинны с тремя измерениями времени. Математически это взаимодействие описывается умножением. Физически наша Вселенная имеет шесть измерений – три измерения длины и три измерения времени.

10. Эволюция пространства

Вероятно, в процессе своей эволюции, пространство порождает различные многомерные вселенные с четным количеством измерений. Развитие происходит от пространств с меньшим количеством измерений к пространствам с большим количеством измерений. За основу существования пространства можно принять принцип существования скоростей. Наша шестимерная Вселенная в цепи эволюции пространства будет выглядеть следующим образом.

Эволюция пространства $v = l/t$

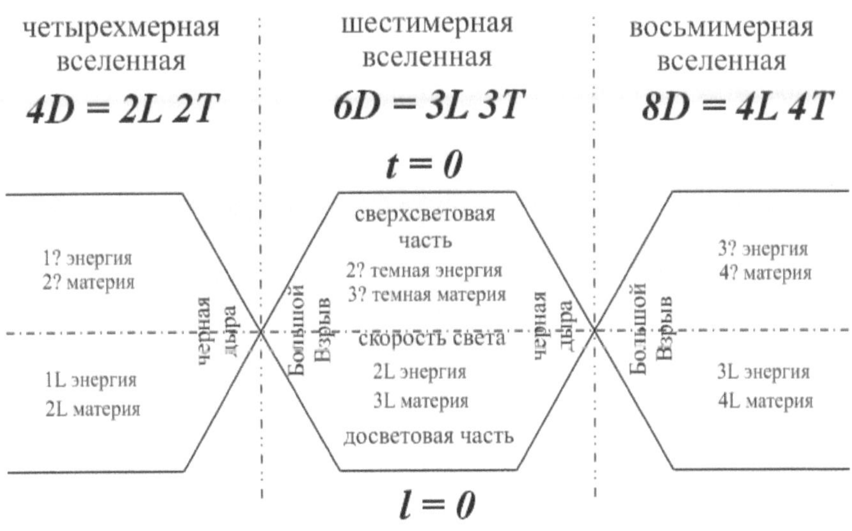

Вполне возможно, что до Большого Взрыва, положившего начало нашей Вселенной, существовала четырехмерная вселенная, в которой энергия имела одно измерение длины, а материя два измерения длины в той части вселенной, которая соответствует нашей досветовой. В процессе эволюции этой четырехмерной вселенной образовалась черная дыра, последствием которой в шестимерном пространстве был Большой Взрыв, давший начало нашей Вселенной. Материя с двумя измерениями длины в нашей Вселенной превратилась в двухмерную энергию. Вопрос о трансформации одномерной по длине энергии в процессе перехода через черную дыру, остается открытым.

В процессе эволюции нашей Вселенной энергия с двумя измерениями длины частично переходит в материю с тремя измерениями длины. Материя порождает в нашей Вселенной черные дыры, которые дают начало новым вселенным в восьмимерном пространстве. После Большого Взрыва в восьмимерном пространстве наша материя с тремя измерениями длины превращается в энергию восьмимерной вселенной. И так далее. Процесс эволюции пространства может развиваться до бесконечности.

В ходе эволюции одна четырехмерная вселенная порождает множество шестимерных вселенных. В свою очередь каждая шестимерная вселенная порождает множество восьмимерных вселенных. Это похоже на процесс метания икры. Все шестимерные вселенные, порождаемые одной четырехмерной вселенной, могут находиться во взаимно перпендикулярных измерениях, что исключает их взаимное влияние друг на друга. Каждая из вселенных проецируется на все другие вселенные в виде точки. Точно так же могут формироваться восьмимерные вселенные.

В отношении сверхсветовой части вселенных любого типа заслуживает внимания теория симметричности относительно скорости света. Энергия и материя досветовой части свободно перемещается в трех измерениях длины и жестко фиксирована в непрерывном потоке трех измерений времени. Темная энергия и темная материя свободно перемещаются в трех измерениях времени и жестко фиксированы в непрерывном потоке трех измерений длины. Даже если это не так, возможность существования вселенных подобного типа не стоит сбрасывать со счетов.

Процесс перехода от черной дыры к Большому Взрыву требует дополнительного изучения. Математически он может быть описан операциями умножения и деления на ноль. Есть основания полагать, что спусковым механизмом гравитационного коллапса, приводящим к появлению черной дыры, является геометрия пространства. Этот вопрос будет рассмотрен дополнительно.

11. Умножение и деление на ноль

Поскольку ноль не является числом, все математические операции по умножению и делению на ноль происходят в области единиц измерения. По отношению к операции деления на ноль единицы измерения могут быть реальные и виртуальные. К реальным единицам измерения относятся единицы измерения длины. Все остальные единицы измерения, предположительно, являются виртуальными. Деление на ноль виртуальных единиц измерения невозможно, поскольку результат деления на ноль таких единиц измерения не имеет смысла.

В особую группу следует выделить природную единицу измерения скоростей (скорость света) и математическую единицу измерения углов (угол в 45 градусов). Эти единицы измерения выводятся при помощи математических методов и их математические свойства требуют дальнейшего изучения. Более детального изучения требуют так же единицы измерения времени.

Виртуальные единицы измерения появляются в результате процесса, который математически можно записать как деление нуля на ноль.

0/0=1a

где **a** – виртуальная единица измерения.

Описанные математические свойства виртуальных единиц измерения позволяют нам вводить любые единицы измерения и пользоваться ими без влияния на окружающий мир. Эти единицы измерения применяются как для описания окружающей действительности, так и для повседневных нужд. Примерами виртуальных единиц измерения могут быть единицы измерения денег, температуры, многих физических величин или применяемые в технике и коммерции. Процесс выхода из обихода виртуальных единиц измерения можно математически отобразить как умножение на ноль. Математические свойства подобных единиц измерения проверены практикой их использования на протяжении многих тысячелетий.

В многомерном пространстве деление на ноль увеличивает количество пространственных измерений, умножение на ноль уменьшает это количество.

В прямоугольных декартовых координатах это будет выглядеть так:

x/0 = xy

xy/0 = (x/0)y = x(y/0) = xyz

При умножении на ноль следует принимать во внимание проективные свойства пространства, поскольку результат такого умножения зависит от того, какой именно компонент умножается на ноль.

xyz*0 = 0 и **xy** или **xz** или **yz**

xy*0 = 0 и **x** или **y**

В физических уравнениях деление на ноль требует введения новой единицы измерения в рассматриваемое уравнением физическое взаимодействие, выражаемое математическим действием умножением (предположительно, ещё одной единицы измерения длины). Например, при делении на ноль длины получается площадь, при делении на ноль площади получается объем и так далее.

м/0 = м^2

м^2/0 = м^3

Алгебраически это можно представить в следующем виде

a/0 = ab

ab/0 = abc

где **a, b, c –** взаимно перпендикулярные единицы измерения длины.

При умножении на ноль один из компонентов взаимодействия, описываемых физическим уравнением, из взаимодействия исключается. Первоначальный результат взаимодействия превращается в ноль. Оставшиеся компоненты продолжают взаимодействовать.

м^3*0 = 0 и **м^2**

м^2*0 = 0 и **м**

Алгебраически это можно представить в следующем виде

abc*0 = 0 и **ab** или **ac** или **bc**

ab*0 = 0 и **a** или **b**

где **a, b, c –** взаимно перпендикулярные единицы измерения длины.

(продолжение следует)

Чуличков О.Г.

Сечение на крайние и средний – математический инструмент диалектики Ноосферы

Аннотация

Обобщение Золотого сечения в геометрии с помощью параметров позволяет ввести кроме обычной меры евклидового пространства еще одну, связанную с делением гипотенузы треугольника на крайние и средний отрезки. Появляющаяся в евклидовом пространстве двойственность (бинарность) меры, компоненты которой связаны друг с другом теоремой Пифагора, обязывает нас кардинально изменить устоявшуюся форму его описания и дает возможность последовательно развивать теоретические конструкции совершенно иным методом – бинарно-аксиоматическим (диалектическим), – альтернативным существующему со времен Аристотеля (унарно) аксиоматическому. Использование принципов диалектики непосредственно в бинарной теории дает реальную возможность для Великого объединения в физике, совмещая, казалось бы, не совместимое – теорию гравитации и квантовую теорию поля. Однако потенциал метода этим не ограничивается. Распространяя действие основных законов Ньютона на механику, в которой наблюдатель становится полноправным участником всех известных физических взаимодействий, актуально-диалектический метод позволяет наметить контуры более широкой теории – теории эволюции Ноосферы, принципиально меняя всю физическую картину мира.

Оглавление

Вместо предисловия

В поисках математических средств для решения проблемы Великого объединения в современной физике мое внимание привлекла возможность несложного геометрического обобщения «золотого сечения» с помощью параметров. Детальное исследование его геометрических и алгебраических свойств показало, что процедура деления отрезка на крайние и средний, как ничто другое в математике, подходит для этого наилучшим образом. Более того, она может играть беспрецедентно важную роль в построении единого математического языка. По моему глубокому убеждению ее интеграция в общую систему знаний позволит кардинально изменить устоявшиеся стереотипы не только в математике, физике и даже в естествознании, но и в нашем мировоззрении в целом; поскольку учет ее специфики влияет на

изменение научной методологии: вместо обычно используемого унарно-аксиоматического метода открывается возможность воссоздания теоретических конструкций принципиально новым бинарно-аксиоматическим методом; причем так, что все может быть выстроено в единую диалектическую структуру и диалектика де-факто станет основой в научном познании Мироздания.
Настоящая статья не предлагает готовый рецепт построения такой структуры. Ее цель – привлечь внимание широкой научной общественности к вопросу деления отрезка на крайние и средний и обозначить краткую программу действий.

Геометрия и параметризованное «золотое сечение»

Уникальность «золотого сечения» и недооценка его значения в научных теориях уже неоднократно отмечались различными исследователями. Как показывает опыт, наиболее перспективные выводы о том или ином феномене можно сделать, собрав о нем лишь достаточный объем знаний, включая и давно забытые сведения. К последним относятся, например, приведенные ниже факты геометрического характера.

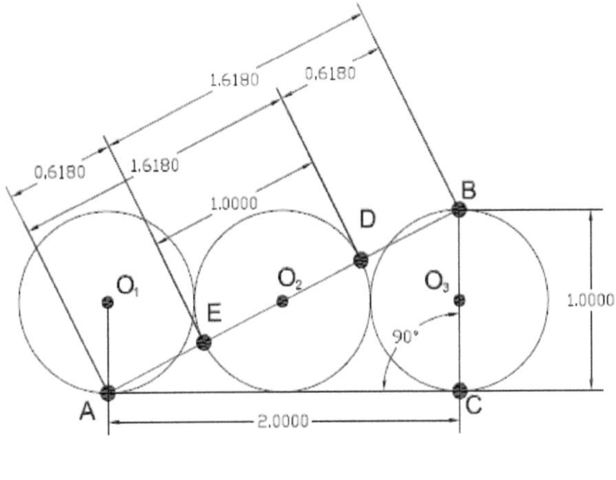

Рис.1. «Золотое Сечение» гипотенузы прямоугольного треугольника (с катетами в пропорции 1:2) средней окружностью с $d = 1$.

Длина гипотенузы $AB = \dfrac{\sqrt{5}}{2}$.

$AB = BE = \Phi_1 = \dfrac{1+\sqrt{5}}{2} \approx 1,6180339887...$; $AE = BD = \Phi_2 = \dfrac{-1+\sqrt{5}}{2} \approx 0,6180339887....$

Сделаем незамысловатые геометрические построения с помощью циркуля и линейки как показано на рис. 1. Изобразим три окружности единичного диаметра **d=1**, центры которых последовательно расположены на одной горизонтальной прямой в точках $O_1, O_2, O_3,$ так что $O_1O_2 = O_2O_3 = d$. Построим прямоугольный треугольник **ABC**, катетами которого будет их общая касательная **AC** и вертикальный диаметр **BC** одной из крайних окружностей, например, O_3. Средняя окружность O_2 будет пересекать гипотенузу в двух точках **E** и **D**. В указанном на рисунке масштабе отрезки **AD** и **BE** равны 1,6180 (значение округлено).

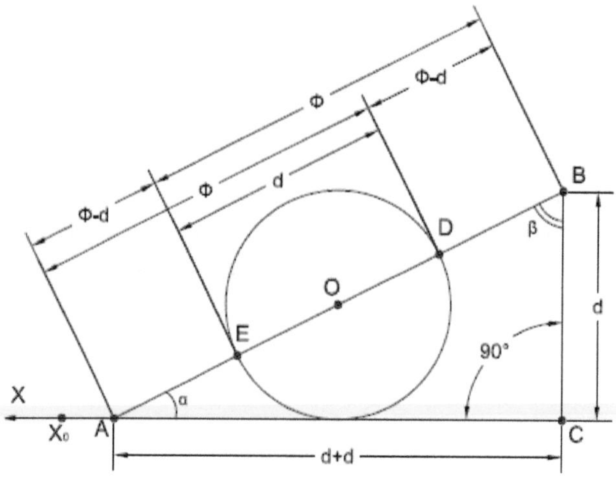

Рис.2. «Золотое Сечение» гипотенузы прямоугольного треугольника (с катетами в пропорции 1:2) средней окружностью произвольного диаметра d.

В произвольном масштабе та же схема будет выглядеть так, как показано на рис. 2.

Введем обозначения **AD=BE=Φ** и **AE=BD=Φ-d**. Таким образом, мы разделили гипотенузу **AB=2Φ-d** на крайние и средний отрезки, которые составляют пропорцию:

$$\frac{\Phi}{d} = \frac{d}{\Phi - d}. \tag{2.1}$$

В последнем выражении будем считать **d** заданным параметром (переменной, масштабом), от которого зависит значение **Φ=Φ(d)**. При **d=1** выражение (2.1) примет широко распространенный вид «золотой пропорции» (рис.1):

$$\Phi_0 = \frac{1}{\Phi_0 - 1}, \qquad (2.2)$$

где $\Phi(1) = \Phi_0 \approx 1{,}61803398...$.

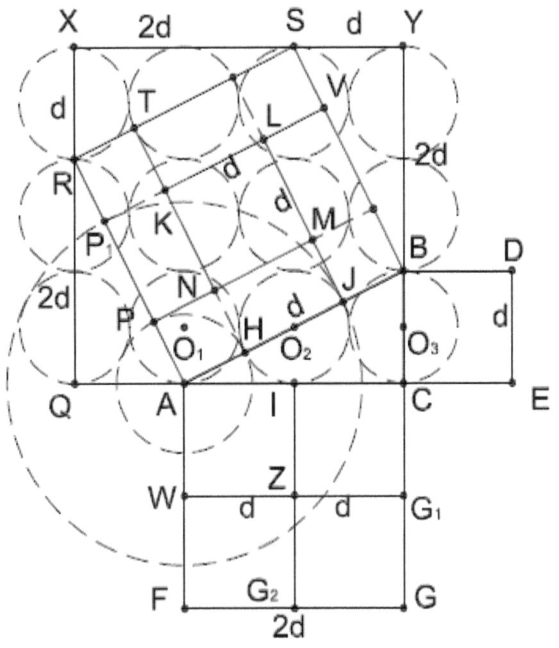

Рис.3. «Золотая Пропорция» и теорема Пифагора:

$$d^2 + (2d)^2 = d^2 + 4\Phi(\Phi - 1) \text{ или } d^2 = \Phi(\Phi - 1).$$

Покажем связь «золотой пропорции» с теоремой Пифагора (**ТП**). Построим с помощью циркуля и линейки из четырех треугольников, равных треугольнику **ABC**, фигуру, состоящую из двух квадратов: квадрата **CQXY** со стороной, равной сумме катетов треугольника **ABC** (**CQ=QX=XY=YC=3d**), и вложенного в него квадрата **ABSR** со стороной, равной гипотенузе того же треугольника (**AB=BS=SR=AR=2Φ-d**), как показано на рис. 3.

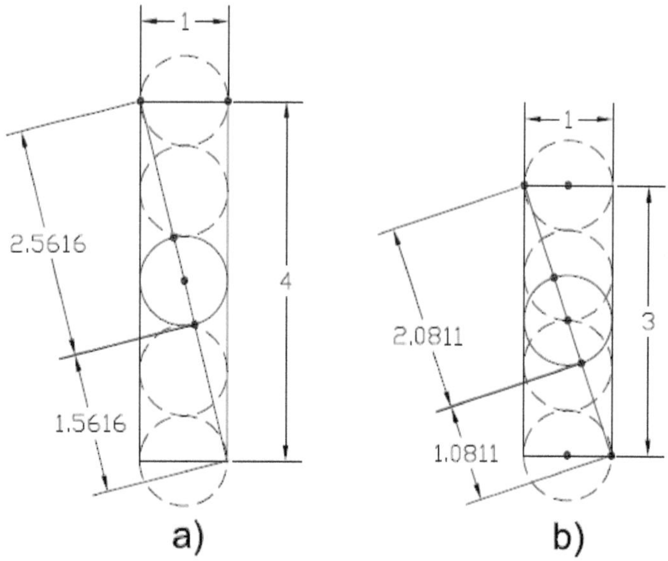

Рис.4. Сечение гипотенузы на «крайние и средний» отрезки при отношении катетов $1/n$, где n - натуральное число:
a) $n=4$ (четное число);
b) $n=5$ (нечетное число).

Для построения необходимых точек на нем проведены штриховой линией девять окружностей (три ряда по три окружности в каждом) диаметра **d** и две окружности радиуса **AH=Φ** и **AJ=Φ**. С помощью последних двух получим на их пересечении с прямой **AR** точки **P** и P_1 соответственно. Аналогично достроим указанные на этом рисунке точки с помощью окружностей таких же двух радиусов и проведем между ними прямые. Легко можно заметить, что по площади квадрат, восстановленный на гипотенузе **AB**, равен сумме площадей квадрата **KLMN=dd** (т.е. площади квадрата **BCED**, построенного на катете **BC**) и четырех прямоугольников **APMJ**, **PRTN**, **KTSV**, **LJBV**. Последние равны между собой поскольку по построению каждый из них имеет стороны длиной **Φ** и **Φ-d**. Из ТП следует, что сумма площадей перечисленных выше четырех прямоугольников равна площади квадрата, восстановленного на втором катете, а поскольку площадь последнего $(2d)^2$ равна четырем площадям квадрата **BCED**, то получаем отсюда равенство площадей **Φ(Φ-d)=dd** или отношение (2.1). Таким образом, «золотое сечение» обусловлено ТП. Отсюда видно, что и наоборот, нарушение соотношения (2.1) между крайним и средним отрезками влечет невыполнение ТП.

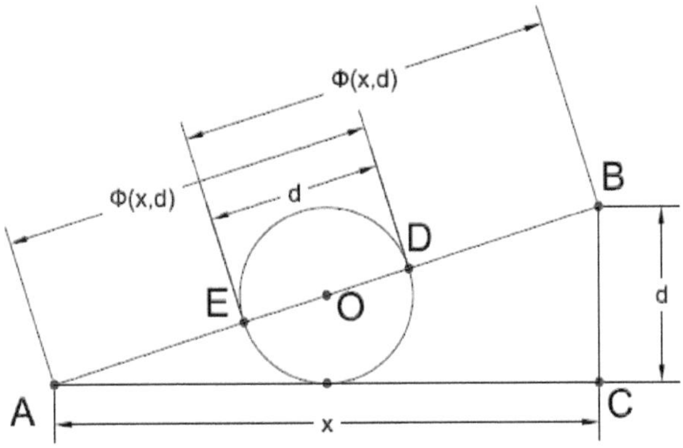

Рис.5. Деление гипотенузы произвольного прямоугольного треугольника на крайние и средний отрезки:
в т. O деления гипотенузы пополам $(AO=OB)$ при данной длине одного катета $BC=d$ и произвольной длине второго $AC=x$ восстанавливается окружность диаметра d:

$$AD=BE=\Phi(x,d); \qquad AE=BD=\Phi(x,d)-d;$$

$$4\Phi(x,d)\left[\Phi(x,d)-d\right]=x^2; \quad \frac{2\Phi(x,d)}{x}=\frac{x}{2\left[\Phi(x,d)-d\right]}.$$

На рис. 4 приведены примеры деления гипотенузы на крайние и средний отрезки для треугольников, катеты которых находятся в отношении не **1/2**, а в отношении **1/n**, где **n** - произвольное натуральное число. Аналогичное деление гипотенузы можно построить для любого положительного действитеьного **n** при заданном масштабе **d**. Пусть длина второго катета будет равна **x=kd** (где **k** - произвольное положительное действительное число) (рис. 5), тогда для всей действительной полуоси с положительными значениями будем иметь (в соответствие с ТП) отображение:

$$4\Phi(x,d)\left[\Phi(x,d)-d\right]=x^2,$$

где каждому положительному **x** и **d** соответствует свое значение **Φ(x,d)**. Для общего случая пропорция примет вид:

$$\frac{2\Phi(x,d)}{x}=\frac{x}{2\left[\Phi(x,d)-d\right]}.$$

В дальнейшем сечение гипотенузы на крайние и средний отрезки для общего случая, описанного здесь, будем называть (процедурой) **СКС**, для случая описанного выше (рис. 2) – **базовым СКС**, который обеспечивает «граничные условия» (возможно для экспериментаторов будет более приемлем термин «калибровочные», т.к. соответствующее отношение должно обеспечивать условия калибровки или тарировки системы измерительных приборов).

Используя циркуль и линейку, покажем как разделить на десять равных частей окружность диаметра **d** с помощью базового СКС. Используя в качестве основы рис. 2, сделаем дополнительные построения. Проведем две окружности радиуса **AE=Φ-d** с центром в точке **A** и радиуса **d** с центром в точке **K**, отметим точку **L** пересечения построенных окружностей и соединим ее отрезками с центрами **A** и **K** как показано на рис. 6.

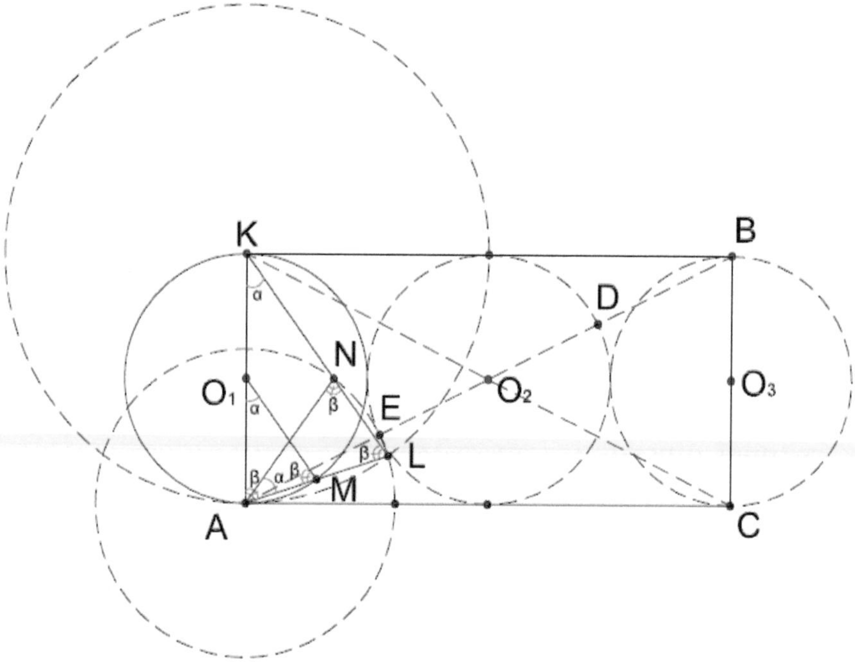

Рис.6. Базовое СКС-деление на десять равных частей окружности, построенной в данной точке.

Отметим точки **M** и **N** пересечения отрезков **AL** и **KL** с окружностями радиуса O_1A и **AE** соответственно. Докажем, что углы $\angle AO_1M$, $\angle AKL$, $\angle NAL$ по отдельности равны $\pi/5$, и, следовательно, они стягивают дуги, равные $1/10$ части соответствующей окружности. Рассмотрим треугольники ΔAO_1M, ΔAKL и ΔANL.

а) Они являются равнобедренными, т.к. каждый из них содержит пару сторон, являющуюся двумя радиусами одной окружности.
б) Они подобны, т.к. содержат равные углы в основании.
Для нашего доказательства необходимо показать: углы в соответствующих равнобедренных треугольниках находятся в определенном соотношении, а именно, угол β в основании любого из них в два раза больше угла α между его же боковыми сторонами $(\beta = 2\alpha)$. В этом случае сумма всех углов треугольника кратна сумме пяти равных частей $(\alpha + 2\alpha + 2\alpha)$, таких что одна из них равна углу между его боковыми сторонами. Так как сумма всех углов треугольника равна 180°, следовательно, угол между боковыми сторонами будет равен 36° и указанные стороны стягивают дугу равную 1/10 части соответствующей окружности.
Докажем, что ΔAKN равнобедренный, т.е. $KN = AN$. Тогда оба угла в основании ΔAKN будут равны $\angle KAN = \angle AKN = \alpha$, но $\beta \equiv \angle KAN = \angle KAL - \angle NAL = \beta - \alpha$. Из последнего мы получим, что $(\beta = 2\alpha)$, и наше утверждение будет доказано.
Итак, $AN = AL = \Phi - d$ по построению окружности, радиусами которой являются $AN, AL; KN = KL - NL.$ $KL = d$ по построению окружности, радиусом которой является KL. Чтобы определить KN, надо знать NL. Последний вычисляется из подобия треугольников ΔAKL и ΔANL с учетом выражения (2.1). Из соотношения подобных сторон имеем

$$\frac{NL}{AL} = \frac{AL}{KL}, \text{ или } \frac{NL}{AL} = \frac{\Phi - d}{d} = \left[из\ (2.1) \Rightarrow \right] = \frac{d}{\Phi}.$$

Откуда
$$NL = \frac{(\Phi - d)d}{\Phi},$$

$$KN = d - \frac{(\Phi - d)d}{\Phi} = \frac{d^2}{\Phi} = \left[из\ (2.1) \Rightarrow \right] = \frac{(\Phi - d)}{d} d = \Phi - d.$$

В итоге получим, что $KN = AN = \Phi - d$, значит ΔAKN – равнобедренный. Как было сказано выше, отсюда следует: $\alpha = \pi / 5$. Утверждение доказано.

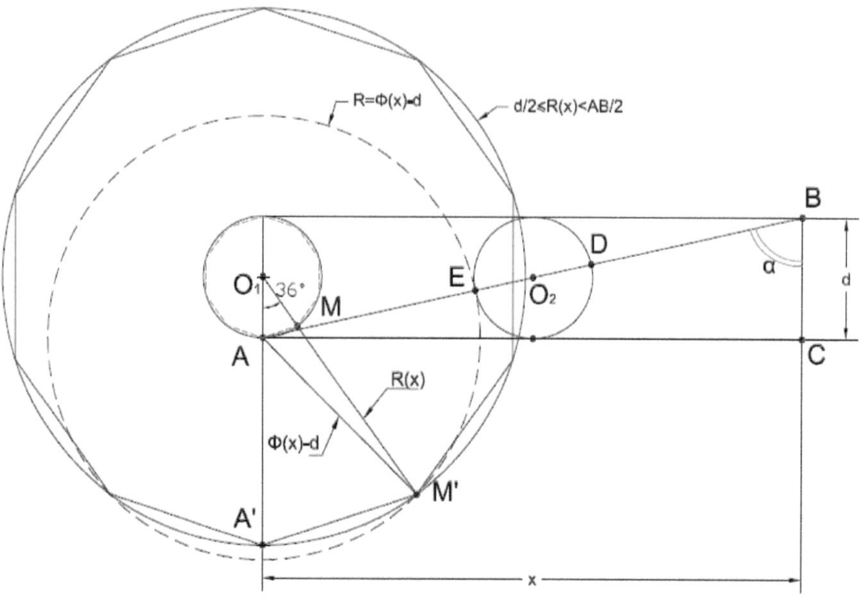

Рис.7. СКС-построение в данной точке окружности с вписанным в нее правильным десятиугольником, упорядоченным относительно базового.
(базовый – изображен штриховой линией и вписан в окружность диаметра d; восстанавливаемый по базовому – изображен сплошной линией и вписан в окружность радиуса $R(x)$)

Покажем, что поскольку имеется процедура базового СКС, с помощью которой можно разделить восстановленную к данной точке окружность диаметром d на десять равных частей, постольку для общего случая СКС возможно построить окружность, соответствующую в определенной точке отрезку $\Phi(x)-d$ и также делимую на десять равных частей. Обратимся к рис. 7, на котором представлена общая схема СКС и проведены окружности радиуса $\Phi(x)-d$ (штриховой линией с центром в т. A) и диаметра d (с центром в т. O_1: $O_1A = d/2$). На последней окружности построим т. M, используя процедуру из предыдущего примера, чтобы дуга AM делила эту окружность на десять равных частей, т.е пристроим (здесь не показано) к окружности с центром в т. O_1 еще две такие же окружности и выполним необходимые построение, как описывалось выше. Построив отрезок O_1M, продолжим его до пересечения с окружностью радиуса $\Phi(x)-d$ в т. M'. Затем радиусом O_1M' проведем окружность с центром в т. O_1 и продолжим отрезок O_1A до пересечения с ней в т. A'. Дуга $A'M'$ разделит последнюю окружность на десять равных частей. Используя подобие треугольников ΔO_1AM и $\Delta O_1A'M'$ и теорему косинусов можно вычислить ее радиус $R = R(d,x) = R(d,\alpha)$ и $A'M' = 2R\sin(\pi/10)$.

Необходимо отметить, что в приведенном примере важно не столь само по себе *построение правильных десятиугольников*, вписанных в окружности диаметра d и радиуса $R(x)$, сколь то, что оно сочетается с вполне определенной *операцией упорядочивания* (вершин) обоих десятиугольников, соответствующей значению $\Phi(x)-d$ в данной точке.

Диалектическая схема

1. Аддитивность и мультипликативность

Длина гипотенузы:

$$AB = \Phi + (\Phi - d) \tag{2.3}$$

Квадрат длины второго катета:

$$AC^2 = 4\Phi(\Phi - d). \tag{2.4}$$

Таким образом, два характерных отрезка Φ и $\Phi-d$ в выражение для длины гипотенузы входят *аддитивно*, а для квадрата длины катета – *мультипликативно*. Взаимосвязь между аддитивной и мультипликативной парами вышеприведенных объектов через ТП неоднозначно (о степени неоднозначности, т.е. о симметриях подобной связи будет сказано ниже), но вполне определенно помогает установить объект, принимаемый в качестве пробного масштаба. Для произвольного масштаба, выбранного в качестве эталона в евклидовом пространстве (**ЕП**), это свойство является закономерным: расстоянию между любыми двумя точками в ЕП, измеренному аддитивными методами, соответствует определенное расстояние, измеренное мультипликативными методами, и наоборот. Они являются взаимодополняющими, а для построения в целом последовательной и непротиворечивой картины – взаимонебходимыми как и должно быть в диалектической конструкции.

2. Двойные системы координат.

Для каждой прямолинейной координаты в одномерном ЕП имеется определенное дополнение в виде криволинейной координаты. Так на проходящей вдоль катета CA координатной оси (рис. 8) с началом в т. C координате т. A соответствует прямолинейный отрезок l, длина которого может быть выражена через длину используемого масштаба d: $CA = l = x \cdot d$, где x – положительное действительное число. В другой системе отсчета, смещенной определенным образом от начала прямолинейной координаты, через криволнейную координату той же точки A может быть вычислена длина гипотенузы L:

$$AB = L = \frac{d}{\cos\alpha}. \tag{2.5}$$

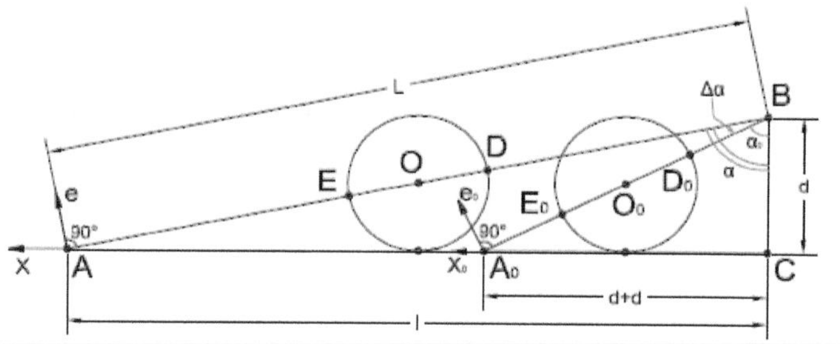

Рис.8. Дуальные координаты в СКС.

Взаимное отношение указанных длин следующее:

- при изменении одной из них другая тоже меняется вполне определенным образом;
- равномерное изменение одной координаты точки A сопровождается неравномерным изменением другой.

Математически зто выражается следующим образом. Пусть в некоторой области Δx значений координаты x точка A перемещается так, что

$$\frac{\partial l(x)}{\partial x} = C,$$

где C – постоянное число (в частном случае оно может быть равным единице). Длина гипотенузы $L = L(\alpha)$, выраженная в виде функции от α в соответствующей области определения $\Delta\alpha$, будет изменяться так, что ее первая производная по α будет равна не числу, а (вполне определенной) функции от α:

$$\frac{\partial L(\alpha)}{\partial \alpha} = \varphi(\alpha);$$

и наоборот, если A – постоянное число и

$$\frac{\partial L(\alpha)}{\partial \alpha} = A,$$

то

$$\frac{\partial l(x)}{\partial x} = \eta(x),$$

где $\eta(x)$ – (вполне определенная) функция от x.

3. Связь координатных систем.

Неразрывную связь между координатами одной и той же точки в различных системах обеспечивает СКС-отношение и ТП (**СКС-ТП**):

$$\frac{d}{\cos\alpha} = \Phi + (\Phi - d) \tag{2.6}$$

$$x \cdot d = 4\Phi(\Phi - d). \tag{2.7}$$

Здесь Φ – функция, имеющая две разные формы (две меры):

$$\Phi_\alpha(d, \alpha) \text{ и } \Phi_x(d, x). \tag{2.8}$$

Для каждой из форм имеется отношение, подобное уравнению (2.1). В тензорном анализе подобные функции называются скалярами:

$$d\Phi_\alpha = \frac{\partial \Phi_\alpha}{\partial \alpha} d\alpha = \frac{\partial \Phi_\alpha}{\partial \alpha}\frac{\partial \alpha}{\partial x} dx; \tag{2.9}$$

$$d\Phi_x = \frac{\partial \Phi_x}{\partial x} dx = \frac{\partial \Phi_x}{\partial x}\frac{\partial x}{\partial \alpha} d\alpha; \tag{2.10}$$

пара переменных x, α – дуальными друг другу. Обе формы (2.8) представляют в двумерном ЕП скалярные проекции вектора (*вектора бинарной меры*), преобразущегося при изменении координат в соответствии с обычными правилами тензорного анализа. Особенности СКС-ТП в том, что существует такая пара дуальных систем координат, в которой x выступает контрвариантной координатой, а α – ковариантной; для данной пары существует взаимная ей пара также дуальных друг другу систем координат, в которой, наооборот, x выступает ковариантной координатой, а α –

контрвариантной; однако в любой паре присутствует – абсолют – масштаб d (подробнее см. ниже).

Если в одной паре координата x выбрана в качестве прямолинейной координаты, то α в ней является криволинейной, а в дуальной паре α будет прямолинейной координатой, x – криволинейной.

4. Коэффициент деформации координаты.

Введем скалярный коэффициент сжатия $k : x = kd$, определяющий линейную деформацию декартовой координаты относительно выбранного масштаба; он может быть или постоянным (в частности равным единице) или изменяющимся по какому-либо закону от некоторого параметра. В связи с этим общую картину в одномерном ЕП можно представить следующим образом. Вернемся к рис. 2. Пусть горизонтальный катет AC равен не $2d$, а положим, как мы часто делаем в декартовых координатах, выбирая по каждой оси свой масштаб, что он равен, например, $30d$; масштаб же вертикального катета BC оставим прежним. Тогда изменятся длина гипотенузы AB – она может быть вычислена по ТП, а также углы α, β, хотя сумма последних будет оставаться постоянной. Если теперь не обращать внимания на масштаб отрезков EO, OD, ED, а отнестись к ним формально, т.е принять, что, например, ED – формально средняя часть гипотенузы AB, численно равная диаметру d, то мы можем и формально и по содержанию считать гипотенузу AB равной $2\Phi - d$, а крайние части сечения AE, BD, формально оставаясь самими собой (т.е. крайними), содержательно изменятся – они будут иметь другие численные значения нежели на рис. 2. Иными словами, мы сжали горизонтальный катет и крайние части СКС и деформировали углы. Приведенную схему можно использовать для анализа распределения коэффициента сжатия k (и соотвественно деформации углов) на всей оси X в любой ее точке A. Представим, что (подобное мы обычно *не делаем* в декартовых системах координат) с каждой точкой оси X связан свой коэффициент сжатия. Поскольку $x = k(x) \cdot d$, то для движущейся вдоль оси X точки A длина катета AC будет функцией от $k : AC = \phi(k)$. В таком случае ось X будет уже не декартовой, а фактически криволинейной. Данной точке A будет соответствовать определенная гипотенуза AB, длина которой выражается через измененяющуюся функцию одного (т.к $\alpha + \beta = \pi / 2$ есть константа) из углов, например, $\varphi(\alpha)$. Скорость движения т. A вдоль оси X будет описываться частными производными первого порядка $\partial\phi(k)/\partial k$ или $\partial\varphi(\alpha)/\partial\alpha$, определенным образом им будут соотвествовать $\partial\phi(k)/\partial\alpha$ и $\partial\varphi(\alpha)/\partial k$. Ускорение т. A будет вычисляться через производные второго порядка.

5. О статической кривизне пространства.

Наглядно «искривление» ЕП можно изобразить так, как показано на рис. 9. Наброшенная на плоскость равномерная сетка декартовых координат (рис. 9а) с постоянным и одинаковым шагом по горизонали и вертикали – атрибут плоского пространства.

Неравномерная деформация масштаба вдоль горизонтальной оси (рис. 9б) эквивалентна использованию криволинейной горизонтальной координаты. Для наглядной демонстрации эффекта «искривления» ЕП в радиально-угловых координатах приведены рис. 9в, рис. 9г, рис. 9д.

По аналогии с коэффициентом сжатия прямолинейной декартовой оси можно использовать соответствующие коэффициенты деформации для радиальных и угловых координат. Таким образом, мы имеем возможность для следующей интепретации. Существует состояние плоского (невозмущенного) ЕП. В нем можно выбрать определенную равномерную координату x, вдоль которой ее коэффициент сжатия постоянен: $k = const$. Также имеется вторая координата α, дуальная первой и неравномерная для данного состояния ЕП, т.е. ее коэффициент деформации не постоянен в пределах ее изменения – $\sigma = \varphi(\alpha) \neq const$; указанная неравномерность источник существования неевклидовой метрики даже для невозмущенного ЕП. Если теперь в результате каких-то (физических) причин коэффициент k становится непостоянным в пределах изменения переменной (координаты) x, то мы вправе связать имеющиеся (физические) причины с источником возмущения геометрии ЕП, в результате которого и неравномерность координаты x становится источником существования неевклидовой метрики и вдобавок «усиливается» неевклидовость α.

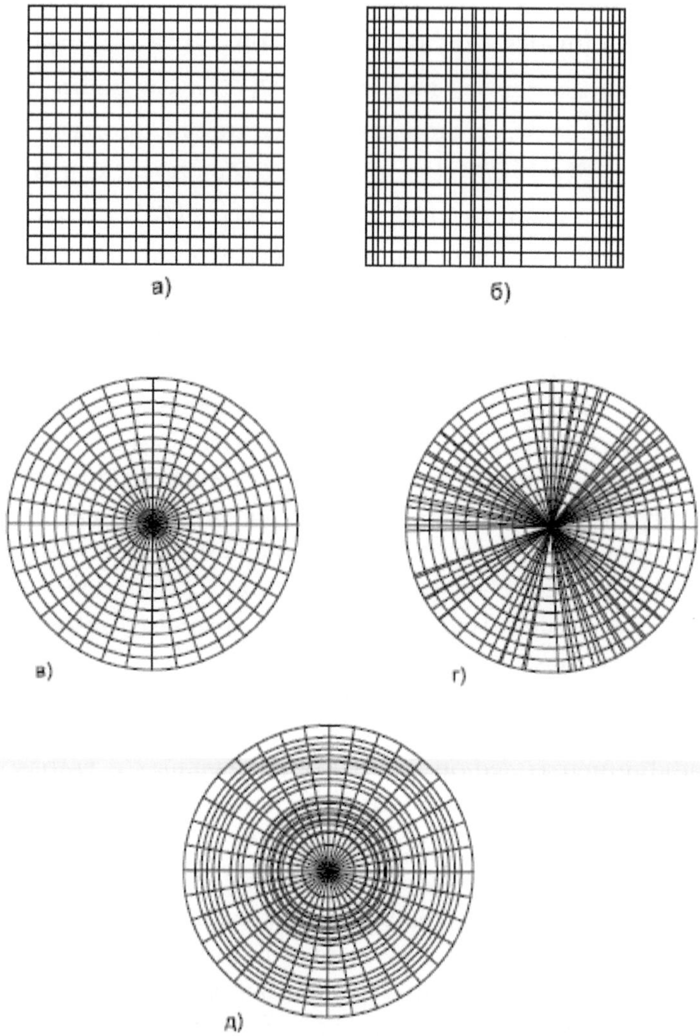

Рис.9.Деформация системы координат.

а) плоское пространство с равномерной прямоугольной сеткой декартовых координат;
б) «искривленное» пространство с неравномерной горизонтальной координатой;
в) плоское пространство с равномерной радиально-угловой сеткой координат;
г) «искривленное» пространство с неравномерной угловой координатой;
д) «искривленное» пространство с неравномерной радиальной координатой.

Получаем искривленные метрики ЕП по обеим координатам. Однако имеющееся искривление, во-первых, статично. Во-вторых, у нас есть масштаб d, позволяющий определить степень возмущения метрики в каждой точке вдоль всей координатной оси x и вычислить дополнительное искривление вдоль всей координаты α при любых условиях возмущения, вызванных указанными (физическими) причинами. Это дает нам возможность *количественно* оценить распределение (физически вызванных) возмущений вдоль координатных осей.

6. Об изменении кривизны в точке.

Возможна еще одна ситуация. Снова вернемся к рис. 2. Пусть т. A остается неподвижной, а коэффициент сжатия k в ней меняется со временем, так что $k = k(t)$. Тогда $AC = \phi(k) = \phi(k(t)) = \delta(t)$ и все свойства метрики евклидовой полуоси CX (одномерного ЕП) можно изучать с помощью «деформирующегося» во времени масштабного коэффициента при неподвижной т. A (ТП будет выполняться в любой момент времени). Для оценки возмущения ЕП в точке необходим эталон «реального времени» - абсолютное время. О нем будет сказано ниже. В общем случае возможно существование (физических) причин, вызывающих искривление метрики ЕП за счет изменения коэффициентов деформации координатных осей как способом, описанном в данном пункте, так и в предыдущем. И даже в подобной ситуации мы имеем возможность сравнивать степень возмущения в каждой точке «искривленного» ЕП, относительно его «плоского» состояния, в чем нам способствует процедура СКС-ТП с абсолютным масштабом d.

7. Дуальные координаты.

В дальнейшем нас будут интересовать дуальные координаты α, x, являющиеся функциями (согласно (2.6), (2.7)) от Φ, d:

$$\begin{cases} \alpha = \alpha(\Phi, d) \\ x = x(\Phi, d) \end{cases}, \tag{2.11}$$

где масштаб d – постоянный параметр, имеющий положительное действительное значение (*d=0* эквивалентно отсутствию масштаба измерения и вся схема не имеет смысла); область изменения Ф –

множество действительных положительных чисел больших d, поскольку (подобно известному условию треугольника) $\Phi - d > 0$; область значений x – множество действительных положительных чисел без нуля; область значений угловой переменной α – $0 < \alpha < \pi/2$. Выше обсуждалось, что когда задается функция изменения одной из координат (например, $\varphi(\alpha)$), мы можем определить функцию изменения второй ($\phi(x)$). С другой стороны, если имеются две произвольные функции $\varphi(\alpha)$ и $\phi(x)$, то для них можно записать условное равенство

$$\varphi(\alpha) \Leftrightarrow \phi(x). \tag{2.12}$$

Оно означает, что в ЕП $\varphi(\alpha)$ и $\phi(x)$ принимают только те значения для данной пары, которые соответствуют их общей области определения, т.е. такие и только такие, при которых соответствующие им функции (2.8) равны:

$$\Phi_\alpha(d,\alpha) = \Phi_x(d,x).$$

8. Системы координат.

Выбор различных систем координат связан с определением положения центра комплексной плоскости и направления осей. Действительная ось может быть направлена вдоль любого катета или гипотенузы, начало координат может быть совмещено с произвольной вершиной треугольника. В качестве примера ниже приведены два возможных варианта.

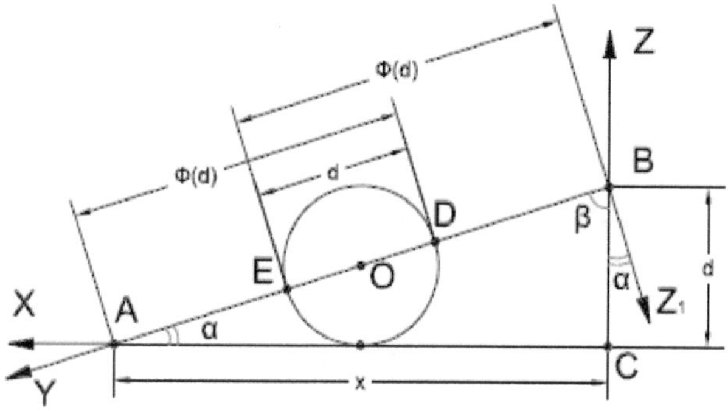

Рис.10.Системы координат.

Вариант 1. Действительная ось X направлена вдоль горизонтального катета AC, как показано на рис. 10, начало координат помещено в т. C, а мнимая ось Z направлена вдоль вертикального катета. Точка A будет на пересечении двух радиус-векторов относительных (дуальных) систем координат: прямолинейной $\bar{r}_x = x \cdot \bar{e}_x$ и радиально-угловой $\bar{r}_\alpha = R \cdot e^{-i\alpha} \bar{e}_\alpha$, начала которых смещены друг от друга на радиус-вектор $\bar{r}_d = d \cdot i \cdot \bar{e}_d$ ($\bar{e}_x$, $\bar{e}_\alpha$, $\bar{e}_d$ - единичные векторы соответствующих кординатных линий;); ее координатами будут только такие длины радиус-векторов, которые удовлетворяют векторному выражению

$$\bar{r}_x + \bar{r}_d \Leftrightarrow \bar{r}_\alpha .$$

Здесь условное равенство имеет тот же смысл, что и для выражения (2.12). Следует отметить: в левой части выражения стоят члены, зависящие только от линейной переменной, справа – от радиально-угловой.

Вариант 2. Действительная ось Y направлена вдоль гипотенузы AB, начало координат помещено в т. B, а мнимая ось Z_1 направлена как показано на рис. 10. Точка A будет на пересечении двух радиус-векторов относительных (дуальных) систем координат: $\bar{r}_y = y \cdot \bar{e}_y$ и $\bar{r}_\alpha = R \cdot e^{-i\alpha} \bar{e}_\alpha$, начала которых смещены друг от друга на радиус-вектор $\bar{r}_d = d \cdot e^{-i\alpha} \bar{e}_d$; ее координатами будут только такие длины радиус-векторов, которые удовлетворяют векторному выражению

$$\bar{r}_y \Leftrightarrow \bar{r}_\alpha + \bar{r}_d .$$

В левой части выражения также стоит член, зависящий только от линейной переменной, справа – от радиально-угловой.

По аналогии можно выбрать другие системы координат, удобные для решения конкретных задач.

9. Циклические процессы и время.

Во второй из доказанных теорем был описан способ соразмерения амплитуд и синхронизации фаз эталонного циклического процесса, связанного с масштабом d, и циклического процесса в данной точке x. Поскольку приведенный способ непосредственно связан с СКС-ТП, то для временной координаты в каждой точке евклидового пространства (ЕП) также существует формула преобразования из линейной в нелинейную систему и обратно. Все преобразования линейны по отношению к $\Phi - d$ и, конечно, важным фактором является то, что они связываются с числом десять и кратными ему числами. Эталонное время («реальное время», о нем говорилось выше) T будет определяться через масштаб d и параметры λ (длину волны), ν (частоту) эталонного циклического процесса: $T = d / \lambda\nu$. Для него нет понятия «мгновения», постольку поскольку циклический процесс или есть или его нет, то минимальный отрезок времени всегда конечен и равен периоду процесса. СКС-ТП позволяет синхронизировать эталонные часы, связанные с масштабом $T(d)$, с часами прямолинейной системы $t(x)$ и криволинейной – $\tau(\alpha)$. Две последние системы отсчета времени также характеризуются тем, что если в одной время течет равномерно, то в другой – неравномерно.

Итак, по аналогии с пространственными преобразования временных координат устанавливаются также с помощью СКС-ТП и соответственно мы получаем возможность вычисления частных производных и по координате и по времени.

10. Трехмерное ЕП и время.

Все вышесказанное относительно одной оси можно распространить по отдельности на все оси трехмерного ЕП, что позволит рассматривать искривленные пространства с неевклидовой метрикой (например, римановы пространства) погруженными (вложенными) в пространство с евклидовой метрикой, хотя с учетом СКС-ТП речь фактически идет только о разных формах задания координат точек в одном и том же ЕП подобно используемым при задании точек в цилиндрических или сферических системах координат. В принципе в трехмерном ЕП для одной пары взаимных координат могут существовать свое время (свой циклический процесс) и свой масштаб, т.е. конкретная неизменяющаяся тройка (d, λ, ν). В целом для всего ЕП три линейных ортогональных масштаба по ТП зададут единый постоянный линейный масштаб, суперпозиция трех циклических ортогональных процессов позволит определить единое постоянное время. Такие эталонные масштабы и часы в каждой точке будут одинаковыми при любых возмущениях ЕП, их проекции на оси тоже не будут меняться, но в общем случае как три проекции линейных масштабов могут отличаться друг от друга, так и три «проекции времени» тоже будут различными (поскольку мы допускаем наличие трех различных троек $\left(d_i, \lambda_i, v_i\right)$, где i=1,2,3 для трех ортогональных координат). Таким образом, в плоском ЕП существует система координат, с помощью которых может быть описано произвольное риманово пространство. И наоборот, для пустого пространства с неевклидовой метрикой всегда можно выбрать систему координат с евклидовой метрикой, используя СКС-ТП. Из сказанного следует, что для пустого ЕП (как искривленного, так и плоского) можно покоординатно определить фукнции скорости и ускорения (первые и вторые производные) движущейся геометрической точки. Не все они будут равны нулю: например, если вторая производная в прямолинейной системе по x равна нулю (скорость будет постоянной), то в криволинейной – нет. Но все вместе они дадут систему уравнений, которую, можно интерпретировать как систему уравнений неразрывности (сплошности) ЕП.

11. Пустое пространство в общей теории относительности.

Дополнив систему уравнений общей теории относительности (**ОТО**) для пустого пространства, получающуюся при равенстве нулю тензора кривизны R_{ik} (тензор Риччи $R_{ik} = g^{lm} R_{\lim k} = R^l_{ilk}$), системой уравнений неразрывности ЕП, мы получим в целом полную систему уравнений и вдобавок замкнутую относительно неизвестных, т.е. при любом преобразовании систем координат мы можем вычислить все компоненты метрического тензора g_{ik} с точностью до используемых масштабных параметров $\left(d, \lambda, v\right)$. При этом не более как «причудливое поведение» метрики пустого ЕП в рассматриваемой системе координат будет являться причиной существования «свободного поля»; «исчезающего» при переходе с помощью СКС-ТП процедуры к абсолютной системе координат. Решение системы уравнений ОТО для пустого пространства сводится к поиску подходящих периодических функций методами гармонического анализа. Собственно говоря, вся теория дифференциальных уравнений, в том числе и в частных производных, в ЕП (а другого пространства, к которому могут быть приложимы численные методы мы еще не знаем) сводится к поиску решений методами гармонического анализа.

12. ОТО – теория сплошных сред.

Дополнение системы уравнений ОТО уравнениями неразрывности ЕП позволяет интерпретировать ОТО как дальнейшее расширение механики жидкости и газов (**МЖГ**) или теории сплошных сред (**ТСС**) в рамках теории Ньютона без привлечения «потусторонних» для нее категорий. В частности не имеет смысла привлекать в его механику «электричество», «электрический заряд» и прочие атрибуты, связанные с электромагнетизмом в нашем современном представлении. Уравнения ОТО в общем случае описывают движение вязкой, сжимаемой, текучей, сплошной среды с допускаемыми при таком движении трубками тока, вихревыми трубками, источниками и стоками (массы) и т.п, с помощью которых вполне могут быть объяснены все эффекты современного электромагнетизма(по образу и подобию эффектов наблюдаемых, например, в нашей атмосфере).

13. О замкнутости теории.

Указанные заявления об электромагнетизме, ОТО и МЖГ (ТСС) требуют пояснения. Трудами исследователей предыдущих поколений, принимавших только по форме «систему мира» Ньютона, но игнорировавших по существу (в силу своего непонимания) некоторые ее положения, развивалась незамкнутая система знаний. Предвидя такой исход и оценивая значимость существования замкнутой системы, Ньютон [2] вынужден был ввести «абсолютное, истинное, математическое время», которое «само по себе и по самой своей сущности, без всякого отношения к чему-либо внешнему, протекает равномерно» и абсолютное пространство, которое «по самой своей сущности, безотносительно к чему бы то ни было, остается всегда одинаковым и неподвижным», и вынужден был принять как факт существование (материального, но вовсе не электромагнитного) эфира (поля, вакуума), в котором «на фоне» абсолютного (остающегося всегда одинаковым и неподвижным) пространства реализуются вышеописанные «причуды» ЕП. Легко можно заметить, что используя СКС-ТП, мы должны принять факт существования «протекающего равномерно» абсолютного времени и всюду «одинакового и неподвижного» абсолютного пространства, связанных с эталонными масштабами (d, λ, v). Действительно, в СКС-ТП очень важен следующий момент (рис. 2): необходимо наличие абсолютной точки (например т.C) и помещенного в ней абсолютного эталонного масштаба d, относительно которой мы интересуемся расстоянием до т.A и через который мы вычисляем длину координаты, например, x $(x = k \cdot d)$ соответственно. Аналогичное замечание относится и к часам. Приняв такие масштабы за основу, мы получаем возможность использовать обычную декартовую систему с неискривленными и с недеформированными неравномерно прямолинейными осями координат в качестве абсолютной с последующим представлением любого движения в относительных координатах. Допустим мы хотим вычислить изменение некоторой величины F при изменении одной из координат, пусть ею будет α, т.е. нас интересует $F(\alpha_2) - F(\alpha_1)$. Для величины F, существует взаимная величина G, являющаяся функцией дуальной координаты – ею будет x – и также получающая определенное приращение при изменение точки $(\alpha_1; x_1)$ на точку $(\alpha_2; x_2)$: $G(x_2) - G(x_1)$. В преобразования одной из координат обязательно будет входить масштаб d (см. п. 8), пусть он входит в преобразование координаты x. В соответствие с (2.12) выпишем условное равенство

$$F(\alpha_2) - F(\alpha_1) \Leftrightarrow G(x_2) - G(x_1) \qquad (2.13)$$

и формально преобразуем его

$$[F(\alpha_2) - F(\alpha_1)] \oplus G(x_2) \Leftrightarrow G(x_1) \qquad (2.14)$$

Последнее формальное выражение можно интепретировать так: из всех возможных изменений некоторй величины при преобразовании относительных координат актуальными является только такие, которые с учетом значения взаимодополнительной величины в новой точке оставляют неизменным значение последней в старой.

Понятно, что Максвелл, воодушевленный идеями Фарадея, игнорируя существо теории Ньютона и пытаясь получить из нее же непротиворечивую систему уравнений, используя формальные методы Лагранжа, мог сконструировать только «рукотворную» систему, поскольку в его преобразованиях учитывалось исключительно относительное изменение величины (он использовал одну часть выражения (2.13) или левую или правую), ничем неограничиваемое. Иного и быть не могло. Другое дело, что он захотел, потворствуя Фарадею, интерпретировать свою систему уравненний иначе, нежели бы это сделал Ньютон. Свобода выбора – дело хорошее, но не в данном случае. Предвидя возможное, Ньютон поучал: «не должно принимать в природе иных причин сверх тех, которые истинны и *достаточны* (выделено мной – О.Ч.) для объяснения явлений» и «...не следует измышлять на авось каких-либо бредней, не следует также уклоняться от сходственности в природе, ибо природа всегда и проста и всегда сама с собой согласна» [2].

Достоинством замкнутой системы является, можно сказать, ее способность своими внутренними средствами поверять правильность самой себя (она «...всегда сама с собой согласна»). Ее разомкнутость ведет исследователей в бесконечность – электрические заряды, бозонные, фермионные, адронные, лептонные, цветовые и т.д. и т.п. – им несть конца.

С другой стороны, если проследить процесс объединения теорий за последние десятилетия, когда электрические и слабые эффекты были объединены в симметричной электро-слабой структуре, затем последняя представлялась вырожденной в структуре совместно с сильным взаимодействием, то в результате объединения гравитации и квантовой теории поля должно быть ожидаемым вырождение гравитационной массы и совокупного заряда в единую категорию, причем в такую, с помощью которой и начиная с которой можно последовательно объяснить все эффекты и те, что связаны с гравитацией и те, что связаны с остальными видами взаимодействий. Необходимой категорией и является (просто) масса – инертная масса. И Ньютон пытался объяснить это еще три с лишним столетия назад. Но, к сожалению, у него не было экспериментальных данных о существовании «антикорпускул», носителей отрицательной массы, поэтому в то время никто не мог понять предлагаемые им эффекты «расступания» материи или методы «приступов».

Итак, при любом переходе от одной системы координат к другой учет относительных параметров недостаточен; только совместное рассмотрение замкнутой конструкции – относительных систем координат и абсолютной – дает полную (замкнутую) систему необходимых коэффициентов преобразования.

14. Квантовая теория неразрывности материи.

В пустом ЕП мы можем выбрать (см. п.2) одну из систем координат равномерной (плоской), а другую – неравномерной (криволинейной). Однако выбор одной ситемы в качестве равномерной – означает выбор одного варианта из совокупности возможных, допускаемых математически. Выше упоминалось о функциях изменения коэффициентов деформации координат (коэффициента сжатия k или деформации σ), о возможности их функциональной зависимости от координат и времени. Имеющейся степенью свободы мы должны воспользоваться. Поэтому изучая реальные макрообъекты и получая результаты, отличающиеся от предсказываемых классическим вариантом механики Ньютона, мы можем отнести разницу в результатах к тому, что в данных экспериментах нарушаются уравнения неразрывности плоского ЕП за счет внутренних (физических) причин, т.е. вместо постоянного коэффициента деформации мы должны учитывать изменяющийся. С учетом откорректированных уравнений неразрывности ЕП изменится поведение метрики искривленного пространства. Результаты исследований изменения метрики было бы естественным объединить в рамках теории неразрывности (сплошности) пространства (материи). Она в совокупности с теорией, описываемой уравнениями ОТО (т.е. с ньютоновым расширением ТСС) даст нам основу для замкнутой Единой Теории (**ЕТ**), элементы которой должны быть взаимодополнительны и необходимы друг для друга.

Перечислим несколько требований к теории неразрывности:

а) равноправность точек ЕП и произвольность выбора начала отсчета с необходимостью приводят нас к использованию статистических методов;

б) некоммутативность, вследствие неравноправности направлений (см. ниже п.16);

в) объективное существование бесконечно малых областей ЕП, в пределах которых невозможно математически-графическое построение схемы СКС-ТП (как бы мы не уменьшали радиусы окружностей, окружности должны оставаться таковыми, а с «переходом» их в точку невозможно построение графической схемы СКС-ТП) обусловливает существование областей «неопределенности»;

г) невозможность физически одновременного измерения феноменов аддитивными и мультипликативными средствами обусловливает получение результатов с точностью до некоторых «соотношений неопределенности», обоснованными разрешающей способностью измерительных приборов;
д) другие требования вытекают из условий симметрии; они будут рассмотрены в одном из следующих пунктов; здесь отметим только, что условия синхронизации периодических процессов в СКС-ТП для выбранной группы симметрий (например, непрерывной группы Ли) позволяют выбрать одну алгебру (алгебру Ли), вполне определенную из совокупности возможных (при желании этот перечень можно продолжить).
Очевидно, роль такой теории вполне эффективно выполняет квантовая теория поля. Если в последней не «измышлять ... бредней» и отказаться от (электрических зарядов, электрических токов и т.п.), оставив только физически обоснованные феномены связаные с движением массы (см. выше п.13), то мы получим в рамках Единой Теории Поля объединение того, о чем говорится уже много десятилетий – квантовой теории поля и гравитации.

15. Спарк.

Введем *спарк* – необходимую для бинарной (диалектической) теории двухкомпонентную структуру («диалектический комплект»), компоненты которой находятся в определенном отношении: они взаимодополнительны друг для друга и взаимонеобходимы для существования диалектически целой структуры. Спарком можно назвать спинор, бит, «пятак» (его компонентами являются «орел» и «решка»); если брать шире, то основные спарк-структуры философии – это «форма, содержание», «бытие, сознание» и т.д. Составляющими простого спарка s_1 (его можно называть спарком первой степени) являются элементы – неспарки (или монады) $s_1 = (s_o, -s_o)$, составляющими спарка второй степени являются два простых спарка (или два спарка первой степени) $s_2 = (s_1, -s_1)$, составляющими спарка третьей степени являются два спарка второй степени $s_3 = (s_2, -s_2)$ и т.д. Спарки в некотором отношении весьма похожи на типы Рассела – Уайтхеда, но они уже упорядочены по степеням и для их использования нет необходимости в аксиоме сводимости, достаточно одной аксиомы выбора, чтобы при идентификации $(s_O, -s_O)$ упорядочить любой спарк n-ой степени, т.е. необходим тривиально выбор начала отсчета, после чего вся пересбалансированная система будет представлять упорядоченную структуру.

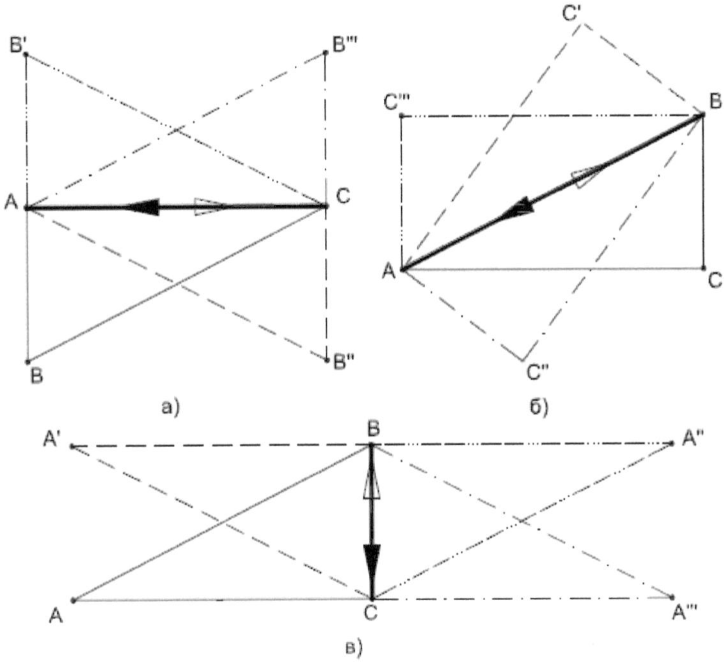

Рис.11. Симметрии.

а), б), в) (на каждом из рисунков отмечены три пары возможных движений, оставляющих неподвижными – инвариантными – элементы выделенные широкой линией:
первая – сплошными и штриховыми линиями;
вторая – штрих-пунктирными линиями двух типов;
третья – стрелками двух типов, что эквивалентно перестановке обозначения концевых точек неподвижного элемента)

16. Симметрии.

Возможные графические симметрии СКС-ТП показаны на рис. 11. На нем отмечены движения, оставляющие неизменной длину l горизонтального катета AC; их можно скомпоновать в дуальные пары: одна пара выделена сплошными и штриховыми линиями, другая – штрих-пунктирными линиями двух типов, третья – стрелками двух типов (последняя пара может быть отмечена и другим способом – перестановкой обозначений концевых точек катета $AC \leftrightarrow CA$). Существует еще одно движение симметрии, не указанное на рис. 11а: оно связано с заменой обозначения точек $B \leftrightarrow C$. Однако не все движения оставляют инвариантной схему в целом. Если мы выбираем т. A в качестве начала координат, последняя пара движений будет ассимметрична.

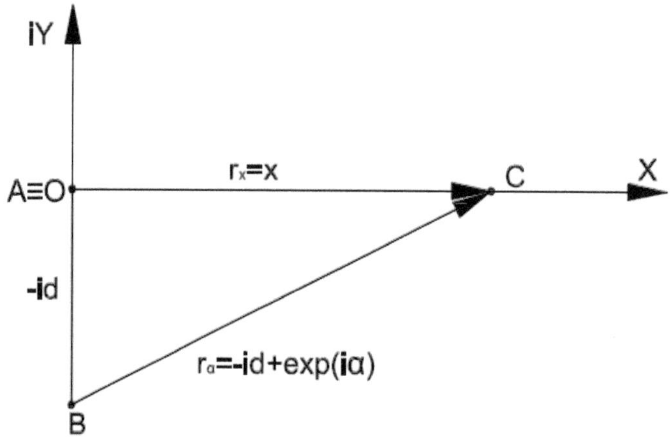

Рис.12.Системы координат.

Рассмотрим одну из возможных схем, приведенных на рис. 11а – ABC с незаштрихованной стрелкой, – в ней определено начало отсчета в т. A, с которой совместим нулевую точку комплексной плоскости как показано на рис. 12; действительную ось X направим вдоль горизонтального катета AC, а мнимую – вертикально вверх вдоль масштаба d. Сопоставим отрезку AC радиус-вектор $\bar{r}_x$, модуль которого равен действительной координате x. Отрезку AC также будет соответствовать составной комплексный радиус-вектор $\bar{r}_\alpha = -id + R \cdot e^{i\alpha}$. Вместе радиус-векторы составляют единый спарк S_1, что можно записать так:

$$S_1 = \begin{Bmatrix} \bar{r}_x \\ \bar{r}_\alpha \end{Bmatrix} = \begin{Bmatrix} x \\ -id + R \cdot e^{i\alpha} \end{Bmatrix}. \qquad (2.14)$$

Поскольку мы рассматриваем движения, оставляющие схему СКС-ТП инвариантной (т .е. базовая точка должна оставаться в начале координат), то все они будут отличаться только радиусом $\bar{r}_\alpha$ ($\bar{r}_x$ –

остается неизменным), в котором возможно изменение только знаков перед мнимыми единицами и экспонентой. Поэтому вместе с S_1 мы будем иметь восемь спарков:

$$S_k = \begin{Bmatrix} x \\ \pm id \pm R \cdot e^{i\alpha} \end{Bmatrix}, \qquad (2.15)$$

где k=1,2,…,8. Таковы симметрии одномерного ЕП. Для трехмерного ЕП, снабженного часами, мы должны рассмотреть совместно три независимые комплексные плоскости (три независимые комплексные единицы i,j,k) и три отрогональные тройки (d_i, λ_i, v_i) (i=1,2,3). Симметрии такого ЕП будут описываться алгеброй Кэли для двух антисимметричных пар сопряженных (попарно) октав

$$\left\{O, O^*; -O, -O^*\right\} \qquad (2.16)$$

Приведенным математическим симметриям физически будут соответствовать мультиплеты состояний устойчивого равновесия явлений в окружающей наблюдателя среде, т.е. состояний, переходы между которыми осуществляются в результате обратимых процессов.

Следует отметить, список всех симметрий не ограничивается октавами. В процедуру СКС-ТП входит процесс синхронизации с помощью декад. Вероятно следующие уровни симметрии будут определяться размерностью 80=8x10, затем 800, 8000,..., они позволят упорядочить и все известные равновесные состояния Природы и, вероятно, открытые в будущем. Важно то, что естественным носителем всех указанных симметрий является расширенное десятичное *непозиционное* счисление.

В этом смысле классификация волновых функций состояния объектов микромира по упорядоченным мультиплетам, представленная Э.Г. Лизи [3], демонстрирует то, что мы будем получать, применяя теорию к результатам экспериментальных исследований.

17. «Теория всего».

Выше отмечалось, что нет необходимости введения в ЕТ, например, электрического заряда в качестве дополнительного параметра. Действительно, все основные симметрии ЕТ «просматриваются» даже без массы, т.е. совершенно без всякой физики. Они являются следствием исключительно внутренних геометрических свойств ЕП. Поэтому достаточно использование одного параметра, которым, в частности, в механике Ньютона является масса, для получения всего возможного спектра его распределения по всем симметричным состояниям. Вместо массы возможно использование любой другой сущности с соотвествующими эталонами. В качестве таковой может выступать, например, звук, тогда ЕТ будет описывать законы теории (музыкальной) гармонии; аромат – мы получим «теоретическую одорологию»; стоимость – теоретическую экономику. ЕТ – «теория разного». Однако все они, в конце концов, могут быть построены в рамках ЕТ, единственной физической сущностью в которой будет масса. Поэтому ЕТ – «теория всего».

18. Об основном уравнении ЕТ.

Особенность уравнения ЕТ в том, что оно должно давать решения и для непрерывных и для дискретных преобразований переменных и параметров системы. В частности, в нем должны содержаться внутренние инструменты для того, чтобы можно было определить какой размерности должен быть мультиплет тех или иных симметрий. Представление симметричного мультиплета размерности n с помощью геометрии – это, например, вписанный в окружность правильный многоугольник. Основное уравнение должно содержать инструмент, позволяющий нам выяснить, что среди других правильных многоугольников именно n-угольник (где n – определенное натуральное число) является наиболее оптимальным в конкретной ситуации. Следовательно, наряду с дифференциальными операторами в основное уравнение должны входить и вариационные операторы, позволяющие оптимизировать определенные функционалы. Но в данном случае возникает вопрос: что из себя должна представлять основная функция, в результате действия на которую и\или диференциальных операторов и\или вариационных она могла бы изменяться и принимать нужные значения? Ею должна быть, как и все в ЕТ, некоторая бинарная структура, имеющая двоякое представление. Одно – связанное с непрерывной переменной, другое – с дискретной. Обратимся снова к вписанному правильному многоугольнику. Структуры с помощью которой, можно описать последовательно обход всех его вершин известны; они представляют элементарный поворот и выражаются, например, через функцию $\exp(i\pi/n)$. Умножая функцию

$\exp(i\pi / n)$ саму на себя n раз, мы последовательно обойдем все вершины многоугольника. Кроме того, все его вершины могут быть пронумерованы с помощью цифр i=1,2,3,…,n. В более общем случае, возможно вложение симметрий друг в друга. Их можно представить в виде последовательности вложенных друг в друга правильных многоугольников. Необходимо отметить, что описание таких симметрий сводится к построению n-значного непозиционного счисления. В то время как мы можем делать вычисления с помощью чисел только десятичного позиционного счисления, нам необходимо найти инструмент, позволяющий выбрать оптимальную разрядность счисления из совокупности возможных. Для этого необходимо иметь структуру, с одной стороны, представляющую в общем виде запись произвольного числа в n-значном счислении, с другой – зависящую от конечного числа параметров, вариация которых бы давала возможность аналитическими методами работать с различными счислениями. Проще говоря, нам надо найти формулу в аналитическом виде (и алгоритм), по которой мы могли бы переводить любое число, например, трехзначного счисления в соответствующее число двух-, четырех-, пятизначного и т.д. счисления. Необходимо учитывать, все должно быть сделано при том условии, что единственно возможное счисление, употребляемое нами в любых числовых методах – десятичное. К счастью СКС-ТП позволяет построить нам именно его. В общем виде искомая структура должна представлять конструкцию из неперова числа e, числа π, комплексной единицы $i:\left(i^2 - 1\right)$ и обобщенной (с помощью вышеприведенной параметризации) «золотой пропорции» Φ.

Для построения основного уравненмя ЕТ необходимо:

- найти возможность упорядочивания векторов тензорного произведения произвольного количества n-мерных пространств: $n \otimes n \otimes \ldots \otimes n$;
- расширить теорию чисел так, чтобы она давала возможность построения в общем виде некоторую «конструкцию», зависящую от параметров, и выражающую произвольное число в произвольном счислении;
- расширить представление десятичных чисел до структуры, объединяющей все его симметрии, а не только имеющиеся в его позиционном варианте;

- расширить методы вариационного счисления для работы с вышеоговоренными параметрами.

Основное уравнение теории должно состоять из равноправных некоммутирующих операторов вариационных и дифференциальных. Должно быть предусмотрено два равноправных квантования – усреднения по непрерывным и дискретным переменным (последнее непосредственно связано с возможностью упорядочивания векторов). Физически такое уравнение должно описывать взаимообусловленные изменения в макросреде и в микромире; поскольку последние могут быть как дискретными (квантованными) так и непрерывными (средой, полем), постольку в уравнение соответствующие им математические объекты должны входить в форме всех четырех вариантов, допуская и корпускулярную и волновую интерпретацию как в макро-, так и в микромире.

19. Метод диалектики.

В целом получается несколько странная картина. Практически та же математика без значительных изменнений, но какая-то «перевернутая», «вывернутая наизнанку». Однако при всей ее «странности» можно получить стройную систему, развиваемую из единых принципов со всеми свойствами, которые в настоящее время мы бы желали предъявить к формальной системе.

В пифагорейской школе считалось: существует единая и неделимая мера длины; она целое число раз (целиком) входит в любой отрезок. Суть данной концепции связана с СКС-ТП.

Мы твердо знаем, что несоизмеримые отрезки существуют: построив геометрически диагональ квадрата, мы не сможем измерить ее с помощью конечного числа шагов. Однако аддитивно-мультипликативный метод СКС доказывает противное – отрезок может быть построен и измерен (вычислен) за конечное число шагов, хотя для вычисления его необходимо построить соответствующую систему чисел. Числа Ф должны быть в общем случае иррациональными, их теория (и теория всех чисел) должна строиться не от целых (натуральных чисел), а наоборот, так что целые и рациональные должны быть частными значениями множества чисел Ф (в духе Кантора). В то же время построив теорию чисел, в основу которой положен именно натуральный ряд, мы получаем практически ту же и ко всему прочему привычную (не «вывернутую») математику.

Пифагорейцы считали (Архит Тарентский): «Пространство есть первое из бытий, нечто отличное от тел и независимое от них. Его особенность в том, что все вещи находятся в нем, но само оно не находится ни в чем. Оно независимо от тел, но тела зависят от него, оно мешает объемам тел возрастать и убывать беспредельно». Апологеты ОТО не допускают обособления понятия пространства от свойства материальных тел и настаивают на том, что свойства пространства-времени формируются материальными телами.

Диалектический материализм утверждает: пространство и время являются формами существования материи и немыслимы без нее. Являться-то являются, но как формы мыслиться могут и без нее – примерно так утверждал Кант.

Можно до бесконечности приводить противоположные точки зрения на различные объекты, явления, процессы – предметы и методы познания – которые остаивались в течение всей истории развития цивилизации и порой даже совершенно неадекватными способами. Однако пренебрежение существованием двойственной точки зрения и отстаивание одной из них (не важно какой) на то или иное приводило рано или поздно к противоречиям.

Пифагорейцы это поняли два с половиной тысячелетия назад и изначально строили свою систему знаний, используя исключительно диалектический метод. Они считали существенным только вместе тезис-антитезис – диалектически целое (спарк) – и только спарки добавляли в систему.

С учетом сказанного, только вместе: и «привычная» математика, построенная с помощью унарно-аксиоматического метода, и кажущаяся «перевернутой», но базирующаяся на бинарном методе, могут дать нам возможность построения действительно диалектической ЕТ. Например, нам важны два вида (типа, представления) чисел с соответственно развитой двойственной теорией: один – для Φ с иррациональным началом, другой – для определения кратности циклов $\Phi - d$, основанный на натуральных числах.

Будучи последовательными в диалектике мы должны признать, что и для бинарно-аксиоматического метода необходимо существование диалектического дополнения. Таковым является унарно-аксиоматический метод, прочно утвердившийся в науке со времен Аристотеля. Если с помощью бинарно-аксиоматического метода исходя из единичного – наипростейшей монады – мы можем возводить спарк-структуру различной степени сложности, в которой постепенно объединяется все уникальное (единичное) в единое целое (всеобщее), то посредством унарно-аксиоматического метода мы имеем возможность совершать противоположное действие – отталкиваясь от всеобщего целого (единого абстрактного множества) мы с помощью предикатов можем выделять подмножества данного множества, затем подмножества подмножеств и т.д., двигаясь в направлении к единичному. Оба метода можно использовать и в направлениях противоположных описанным выше. С точки зрения диалектики они действительно взаимодополнительны друг для друга и взаимонеобходимы для установления непротиворечивой картины и их объединение составляет собственно диалектический метод.

20. Формальный Язык.

Даже через столетия после Пифагора Евклид, явный последователь Аристотеля, ни разу не упомянул в своих «Началах» о применении геометрии к окружающим явлениям, не делал ссылок на реальное физическое пространство, физические объекты и отношения между ними. Это является подтверждением (хотя и косвенным) тезиса, что вплоть до его времени сохранилось ясное представление: пифагорейцы заложили, выражаясь современными терминами, основы формального Языка, позволявшего объяснять в стройном соответствии любые явления. Содержательно они разработали основы абстрактного формально-графического Языка, в алфавите которого в качестве графических объектов вместо современных букв и символов использовались точки, радиусы и окружности, а также объекты, получаемые в результате «правил вывода» - правил построения конструкций (изображений) из трех исходных символов ("букв") алфавита (несколько более подробно см.[4]).

Следуя диалектическому методу в основу правил «вывода» положен «принцип круга», получивший по чьему-то недоразумению и с попустительства остальных устойчивое название «порочного», с чем ничтоже сумняшеся соглашаются все поколения с тех пор. Правило «круга» хорошо иллюстрирует спарк-определение Платона: Целое – это то, что не имеет ни одной отсутствующей части; Часть – это то, из чего состоит целое. Подобная структура замкнута «сама на себя» и она не является «порочной» по той простой причине, что в ней всегда имеется дополнительная степень свободы, используя которую без нарушения замкнутости системы можно ее расширить, присоединив новый спарк. Например, в приведенном определении

мы имеем степень свободы для трактования понятия «состоит»:
«состоит» значит «принадлежит»; или
«состоит», но не обязательно «принадлежит»; или
«состоит» значит, что «сам является таковым» (т.е.часть является целым) и т.д.

Любую форму можно наполнить произвольным содержанием; любое содержание можно облечь в произвольную форму. В зависимости от интерпретации система может надстраиваться различным способом. С этим не могут не согласиться те, кто знаком с парадоксами Рассела, Лжеца или Брадобрея. Поэтому новый спарк добавлялся к имеющемуся в том и только в том случае (или при такой интерпретации), когда они не противоречили друг другу.

Расширение системы производилось с соблюдением принципа: система расширяется только если «возникшая необходимость» совпадает с «потенциальной возможностью». В таком случае всегда существовало финитное пространство евклидовой метрики, граничащее сверху и снизу с неопределенной природы неевклидовым пространством и не числовой, неопределенной метрикой, в связи с чем в последнем допускалось исследование не числовыми методами, а, выражаясь современным языком, топологическими. Вероятно поэтому у пифагорейцев не было и не могло возникнуть проблем с бесконечностями.

Если надстраивать и дальше систему таким способом, то мы всегда, т.е. на каждом этапе надстройки, будем сохранять ее главные достоинства – *локальную полноту* (замкнутость) и *непротиворечивость.*

Еще одно отличие языка, создаваемого с помощью бинарно-аксиоматического метода от унарно-аксиоматического в том, что в первом случае все спарк-*аксиомы совершенно равноправны* и в качестве начальной пары можно выбрать любую из системы, которая и будет причиной всех следствий.

21. Ноосфера.

ОТО утверждает: свойства пространства-времени формируются материальными телами. Как видим – это не совсем так. Даже при том, что объединив квантовую теорию поля и гравитацию, мы получим возможность теоретически предсказывать, например, явления макроструктуры, взаимообусловленные изменениями в микромире, все равно мы должны учитывать пробные линейные масштабы и часы. Поэтому для построения замкнутой теории, претендовавшей на статус «системы мира»,

Ньютон вынужден был ввести в механике природных явлений абсолютные категории – пространство и время – со свойствами, независимыми от материальных тел. Действительно, такая система координат, необходимая в физической теории, *формируется* только *наблюдателем.* Именно в нем, в его возможностях заключается та степень свободы, воспользовавшись которой мы восстановим статус-кво *презумпции всеобщей относительности,* лишив пространство и время статуса абсолютных.

В современных теориях наблюдателю отводится роль пассивного статиста, фиксирующего события и полностью игнорируется его свойство взаимодействовать с Природой, хотя де-факто он – полноправный субъект всех физических взаимодействий. В связи с чем, во-первых, сформулируем в явном виде гипотезу, используемую по умолчанию: *«Вселенная необходима для обретения Наблюдателем бытия»*, во-вторых, дополним ее в нашей теории *антропным принципом* Джона Уилера*: «Наблюдатели необходимы для обретения Вселенной бытия (Observers are necessary to bring the Universe into being)».*

Данный антропный спарк-принцип позволит нам де-юре отстаивать наши права и справедливость наших притязаний (в стиле Канта) в использовании математических методов в приложении к реальному миру, в том числе, ответить не только на вопрос: почему математика применима к реальному миру, но и на вопрос: почему в реальном мире нет того, к чему математика не применима.

В эпоху Ньютона не было не только экспериментальных данных о существовании античастиц, но не было и теории информации и информационных систем, не было и достаточного объема знаний о человеке, поэтому он вынужден был остановиться на абсолютных категориях, чтобы не «измышлять ... бредней». В наше время сравнением человека (наблюдателя), например, с информационной системой никого не удивишь. Единственная проблема в том, что для физика «информация», в современном понимании данного термина, – не очень «комфортная» категория. Однако дело здесь не в физиках, а в том, что ее дефиницию давали математики-по-сути, не заботясь об ее «удобоваримости для смежников». Если «отжать» все существующие определения, то в «сухом остатке» мы получим: информация – это результат сравнения образца с эталоном. В физике же такой процесс «сравнения» называется измерением. При таком подходе информация становится «роднее и ближе» для экспериментатора.

Встраивая наблюдателя в физическую картину мира, мы должны принять, что существует особая форма материи – Ψ-материя, которая также может быть представлена в общей картине в двух видах: как «сплошная среда», так и совокупностью дисретных объектов – информационных систем – Ψ-объектов; мы должны принять, что во Вселенной существует еще один специальный вид взаимодействия – между Ψ-материей и всеми остальными формами материи; что единственным необратимым процессом во Вселенной является взаимоотносительная эволюция Ψ-материи и Природы (точнее – два процесса); мы должны принять, что существует особое взаимодействие внутри формы – внутреннее взаимодействие в Ψ-материи как результат межсубъектной коммуникации, в котором участвуют Ψ-объекты; что носителями внутреннего взаимодействия являются все возможные виды материализации всех средств коммуникации – **Языка**: книги (для литературного языка), акустические волны (для языка разговорного, для языка музыки), мимика, жесты, танцы (для языка движений); произведения искусства, живописи, скульптуры, архитектуры (различные языки соотнесения формы и содержания) и т.д. и т.п. (конечно, это лишь приблизительный перечень при весьма условном сопоставлении конкретного языка с его материальным носителем, что вовсе не влияет на адекватное представление сути дела).

Здесь **Язык** – это то, что содержит всю совокупность частных языков, как средств отдельных (частных) видов коммуникации.

Остается принять, что существует единственное средство коммуникации для всех субъектов (всех «строителей Вавилонской башни») – Единый Абстрактный Формально-Графический Язык, чье опосредованное (через материальные носители) действие однозначно и одинаково воспринимается всеми (при нормальных условиях) представителями нашей Цивилизации, т.е. остается принять, что существует действие инвариантное относительно замены взаимодействующих Ψ - объектов.

К слову сказать, в данном случае мы сможем восстановить определенность в математике, расстраченную за два с половиной тысячелетия обращения с ней. Это возможно сделать, опираясь, примерно, на такое определение, устанавливающее ее место и роль среди других ценностей цивилизации: математика – Искусство, обобщающее все другие виды искусств и виды деятельности человека, и диалектически соотносящее форму и содержание с использованием специального языка, называемого математическим, ядром которого является язык пифагорейской школы.

Приняв все перечисленное, можно переформулировать обобщенный принцип относительности Галилея так : *Все законы мироздания, установленные для Ноосферы* (замкнутой системы) *в какой-либо системе отсчета, не изменяются при переходе к любой другой системе отсчета* (законы сохранения соблюдаются в замкнутых системах).

Поскольку с определенной системой отсчета мы теперь связываем конкретного наблюдателя, то обобщенный принцип мог бы стать банальной истиной, если бы уровень восприятия у всех наблюдателей был один и тот же. Поэтому средством объективизации субъективного восприятия внешних явлений конкретным наблюдателем должны быть опять-таки статистические методы.

22. Об эволюции Ноосферы.

Было бы правильным распространить механику Ньютона (три его закона) на взаимодействие двух структур, описываемых седенионами. Возможно их ассиметричность позволит описать динамику эволюции одной структуры относительно другой, что, вероятно, должно быть связано уже с составляющими Ноосферы – Природой и Наблюдателем. В настоящее время по поводу динамики эволюции имеются следующие предположения. На первый взгляд:

- «участниками» взаимодействия должны быть не произвольные седенионы, а составленные последовательно из двух октав (2.16), элементы которых не должны «перемешиваться»;
- так как запрет на операцию деления для седенионов (алгебра седенионов без делителя) не распространяется на октавы, то мы имеем возможность, приняв предыдущий пункт, использовать условное равенство

$$\frac{dS}{dx} \Leftrightarrow \begin{Bmatrix} \dfrac{dO}{dx} \\ \dfrac{d\overline{O}}{dx} \end{Bmatrix},$$

где $S \Leftrightarrow \begin{Bmatrix} O \\ \overline{O} \end{Bmatrix}$ – седенион специальной структуры с «неперемешанными» октавами;

- оператор преобразования седенионов $F : S' \Leftrightarrow F(S)$ также должен распадаться на «неперемешиваемые» составляющие

$$F = \begin{vmatrix} f_1 & f_2 \\ f_3 & f_4 \end{vmatrix},$$

где $f_i = f(O_i \otimes \tilde{O}_i)$ и $(O_i, \tilde{O}_i)$ - произвольная пара октав из (2.16). Однако следует учесть, что в качестве делителя в такой динамической теории эволюции, т.е в качестве элемента, к которму все должно относиться (или то, на что мы должны делить), выступает время. А время в СКС-ТП в принципе не может быть равно нулю ни физически – нет «момента» меньшего, чем минимальный период, из последовательных повторений которого и складывается физическое время; ни математически – оно пропорционально $\Phi - d$, а для них выполняется условие $\Phi > d$. Поэтому представляется, что в качестве вероятного претендента на роль основного элемента в теории эволюции седенионы подходят наилучшим образом. Их составляющие вполне могут «перемешиваться», а неинвариантность суммы квадратов элементов седенионов даст нам возможность описывать необратимый динамический процесс эволюции составляющих Ноосферы математическими средствами.

23. Бинарные физические структуры Кулакова

Эффективным инструментом для исследований в диалектической системе ЕТ являются бинарные физические структуры Кулакова – спарки, из которых может быть сформирован спарк n-степени с поэтапной реализацией всех возможных симметрий СКС. Автором физических структур, Ю.И Кулаковым [5], и его учениками было показано, что все физико-математические симметрии унарных структур (**УС**), могут быть перенесены на структуры бинарные (**БС**). Затем в работах Ю.С. Владимирова [6,7] на примере одного спарка первой степени – бинарной физической структуры с неупорядоченными в ее частях событиями – построена конкретная система, реализующая все известные физические симметрии. Продолжим ряд: УС с перемешанными и неупорядоченными переменными (монады) – БС с разделенными, но не упорядоченными переменными в каждой их части (спарки первой степени) – две БС (спарк второй степени) – четыре БС (спарк третьй степени) и т.п. Упорядочим поэтапно переменные так, чтобы в каждой составляющей одной из БС содержалась вполне упорядоченная совокупность событий по некоторой переменной (остальные могут оставаться неупорядоченными), а в дуальной составляющей этой же БС содержалась та же совокупность событий, но упорядоченная в противоположном порядке по той же самой переменной; в следующей БС – упорядочим события в ее составляющих по другой переменной также во взаимопротивоположные последовательности и т.д. В спарк-струтуре третьей степени из БС должны быть реализованы все возможные симметрии ЕП. Ее будет представлять четверка почти независимых БС, связанных только совокупностью необходимых переменных. В пределах отдельной БС должен быть реализован только процесс перехода между двумя антисимметричными состояниями. Такова будет структура для дискретного множества объектов (событий). Полную картину всех симметрий в Природе даст объединение структур, описывающих дискретную совокупность объектов и непрерывную (сплошную) среду (поле), т.е. совокупность четырех БС должна быть дополнена одной УС. Данная структура будет основой для создания единого алгоритма, на базе которого возможно воспроизведение искусственного интеллекта. Следуя диалектики все симметрии Ноосферы должны быть представимы уже с помощью двух УС и двух четверок БС.

Итак, считая геометрию началом, пифагорейцам, по всей вероятности, удалось-таки найти для всех наук схему ЕТ, базой для которой послужила процедура (теорема) СКС-ТП. В ней, как и писал Платон, начало, середина и заключение сплетено воедино и все науки о бытии следуют за геометрией. Простота и важность основы их схемы требуют такого ее изложения, чтобы она стала понятной любому человеку еще в школьном возрасте.

Думаю, что едва ли труд пифагорейцев стоил такой оценки: «Сделанное в математике славной античной Грецией и в XIXв. сопоставимо с мерцаннием копеечной свечи рядом с праздничным костром»

Если мы сможем восстановить их язык и непротиворечиво продолжить его, то это будет путеводная звезда самой большой величины для людей на многие лета.

Литература

1. Платон. Сочинения в четырех томах, Т.3. Ч.1. СПб.: Изд-во С.-Петерб. Ун-та; «Изд-во Олега Обышко», 2007.
2. Ньютон И.. Математические начала натуральной философии. М.: Наука, 1989.
3. A.Garrett Lisi. Интернет-ресурс: http://arxiv.org/abs/0711.0770
4. Чуличков О.Г. Интернет-ресурс: http://chulichkov2010.narod.ru/
5. Кулаков Ю.И. Интернет-ресурс: http://www.credo-pst.com/credo.html
6. Владимиров Ю.С. Метафизика. Изд-во "Лаборатория базовых знаний", 2002. - 550
7. Владимиров Ю.С. Основания физики. Изд-во "Лаборатория базовых знаний", 2008. - 456

Серия: СОЦИОЛОГИЯ

Кутовая С.В.

Социальное состояние населения Еврейской автономной области

Аннотация

На материалах социологического исследования выявлены основные показатели социального состояния населения Еврейской автономной области. Эти параметры изучались по основным сферам и проблемам жизнедеятельности социума: труд, жилищные условия, семья, миграция, уровень доходов, отношения к социальному статусу.

Трансформация различных сфер жизнедеятельности общества (образования, медицины, властных структур и др.), отражается на социальном состоянии населения. Связано это как с объективными условиями, факторами (социально-демографическими, социально-экономическими и социально-политическими процессами, ресурсными возможностями региона), так и с субъективными (удовлетворенность состоянием здоровья, условий проживания, труда и т.п.).

Для выявления социального состояния населения Еврейской автономной области лабораторией региональных социально-гуманитарных исследований ИКАРП ДВО РАН было проведен социологический опрос. При опросе населения использовалась стандартная анкета, состоящая из трех типов вопросов: закрытые, полуоткрытые и открытые. Выборку составили 1114 респондентов.

Говоря о материальном положении населения, участвовавшего в опросе, то 58% отмечают его как «среднее», 31% как «плохое» и только 20% определяют как «хорошее». В отношении ожидаемого улучшения или ухудшения жизни респондентов в ближайший год выделены две группы: «оптимисты» -18,8%, и «пессимисты», их доля составила 46% от общего числа респондентов. У 35,2% респондентов данный вопрос вызвал затруднения. В первую очередь беспокоят низкие доходы – 34,9%, опасения потерять работу- 15,3%, плохое здоровье, трудности с лечением – 10,6%. Кроме того, беспокоит недостаток свободного времени (8,1%), безысходность и отсутствие перспектив в жизни (5,2%), пьянство и наркомания кого-либо из членов семьи (4,5%), невозможность дать детям хорошее образование (4,3%) и другие трудности [1, с.21].

Под влиянием трансформационных процессов произошло снижение реальных доходов населения Еврейской автономной области. Наибольшее снижение наблюдалось в начале 1990-х годов XX в. Только с 2000 г. прослеживается тенденция к росту денежных доходов на 117,8%. В 2010 г. денежные доходы населения по отношению к 2000 возросли в 8,2 раза, реальные же доходы превысили уровень в 3,5 раза. Не смотря на рост заработной платы, группа с доходами ниже прожиточного минимума все еще имеет преобладающее значение по отношению к остальным группам. Доходы наиболее обеспеченного населения в 11,7 раза превышают доходы наименее обеспеченных [1, с. 20]. Лишь 7% респондентов оценивают свое материальное положение как хорошее, 59% - как среднее. 32% как плохое. В отношении дифференциации материального положения городского и сельского населения, отмечаются существенные различия по уровню материального благосостояния. Также субъективные оценки показали, что 64% сельского населения имеют доход ниже прожиточного минимума. Для городского населения ситуация несколько лучше – 57% имеют доход выше 6000 тыс. руб.

Для анализа исследуемого явления использованы показатели материального положения населения. Для этого была применена стратификационная модель российского общества, разработанная З.Т. Голенковой [2]. В результате выделены следующие стратификационные группы:

- *богатые* (средства позволяют не только удовлетворять свои потребности, но и организовывать самостоятельную экономическую деятельность) -0,5 % ,
- *состоятельные* (средств достаточно не только для высокого уровня жизни, но и для преумножения капитала) – 3,5%,
- *обеспеченные* (средств достаточно для обновления предметов длительного пользования, улучшения жилищных условий за свой счет или с помощью кредита, для собственного переобучения и образования детей, организации отдыха во время отпуска) – 17,3%;
- *малообеспеченные* (средств хватает только на повседневные расходы и в случае крайней необходимости – минимум средств для

лечения и укрепления здоровья) – 57%;

- *неимущие* (наличие минимальных средств только для поддержания жизни и отсутствие средств для улучшения своего существования) – 21,7%

Рассматривая социальные слои, то основная масса населения отнесли себя и свою семью к среднему слою (49%), 35 % - к категории ниже среднего. Выявлены также семьи, относящие себя к низшему слою (10 %) и социальному дну (2 %). Отмечается тот факт, что существует некоторое смещение в уровне доходов и отнесению себя к высшему и среднему социальному слою среди сельского населения. Данная тенденция объясняется тем, что у сельских жителей области уровень социальных притязаний гораздо ниже, чем у городских.

Распределение ответов на вопрос «Уверены ли Вы в возможности трудоустройства в случае потери работы?» показывает, что только 27,4% населения уверены. Для 45% перспектива трудоустройства оценивается не очень высоко. Наибольшие опасения в отношении потери работы наблюдается у женщин в возрастной группе от 45 до 55 лет (19, 5%), наименьшие - у мужчин, работающих на руководящих должностях в этой же возрастной группе (2,8%).

Анализ демографической составляющей социальной структуры Еврейской автономной области отражает неблагоприятную ситуацию. На территории Еврейской автономной области, как и в других районах Дальнего Востока России, практически с 1991 года отсутствуют позитивные моменты в локализации населения, как за счет миграционных потоков, так и за счет естественного производства, разрушаются основы народонаселения региона, сформированные в течение многих десятилетий с большими трудностями и издержками [3]. Этот тезис подтверждают результаты исследования. Выявлено, что только 36% респондентов не собираются менять место жительства. В эту долю входят категории, обладающие низкой мобильностью из-за сдерживающих факторов: инвалидность, пенсионный возраст, наличие семьи и детей, живущих на данной территории пожилых родителей, отсутствие средств. 42 % респондентов имеют такие намерения, для 22 % вопрос о возможности переезда остается открытым, так как они еще не определились.

Необходимо отметить, что тенденция миграции молодежи в Центральные районы России является тревожной не только для

Еврейской автономной области, но и для других дальневосточных регионов Российской Федерации в виду кризисной демографической ситуации и недостатка трудовых ресурсов, необходимых для социального и экономического развития региона. Среди доминирующих факторов, оказывающих влияние на решение переехать в другую местность или регион, респондентами были отмечены: отсутствие достойной работы, низкая заработная плата – 46,6%; отсутствие жилья – 33,1%; нет возможности для самореализации – 11%; учеба в другом городе – 9,3% [5, с. 188].

При исследовании предпочтений потенциальных мигрантов в выборе региона или страны проживания, выявлено, что 60 % респондентов переехали бы в крупный город в Дальневосточном регионе, 58% указали на Европейскую часть России. Для 44% потенциальных мигрантов предпочтительнее проживать в Сибирском регионе России в небольшом городе и 29% желают проживать в деревне. Отмечаются различия в выборе того или иного региона в зависимости от проживания в городской или сельской местности, а также от района. Так жители удаленных от центра районов области (Октябрьский и Ленинский районы) выказывают предпочтения остаться на территории области или Дальневосточного региона, но проживать в малом городе, когда жители Смидовичского, Биробиджанского и Облученского районов в большинстве предпочитают проживать в крупном городе Центральной части Российской Федерации [5, с. 66].

Анализ состояния в отношении жилищной сферы показал, что у 41% жилье находится в частной собственности, 23% снимают, остальное (36%) - в муниципальной собственности. Более половины (57%) населения области отзывается о своем жилье как о «посредственном». Только 12% называют свои жилищные условия хорошими. Жилье сельского населения менее комфортно – более половины обследованных домохозяйств не имеют горячего и холодного водоснабжения, у 87% нет централизованной канализации, централизованное отопление доступно 40% для семей. Улучшить свои жилищные условия могут только 24% населения (менее 2% сельских жителей).

Изучив социальное состояние семей Еврейской автономной области, мы можем отметить, на современном этапе характерна резкая дифференциация семей по уровню дохода и качеству жизни, усложняющаяся ситуация в области занятости, низкая оплата труда, жилищные и другие проблемы, являющиеся насущными и на сегодняшний день.

Литература

1. Кутовая С.В. Основания для типологии территориальной локализации населения Еврейской автономной области// Известия высших учебных заведений. Социология. Экономика. Политика. – 2009. – №1(20). – С. 33-35.
2. Голенкова З.Т. Основные тенденции трансформации социальных неравенств // Россия: Трансформирующееся общество./ Под. ред. В.А. Ядова. М.: КАНОН – пресс - Ц, 2001. С.90-103.
3. Минакир П.А. Экономика регионов. Дальний Восток. М.: ЗАО «Экономика». – 2006. – 845 с.
4. Кутовая С.В. Факторные влияния на территориальную локализацию населения российского Дальнего Востока // Власть и управление на Востоке России. – 2009. – №2(47). – С. 185-191.
5. Кутовая С.В. Факторы социально-пространственной локализации населения в Дальневосточном регионе (на примере Еврейской автономной области) // Общество. Среда. Развитие. – 2010. - № 1(14). – С. 63-67.

Соловченков С.А.

Сельское население в период экономических преобразований: опыт социологического исследования

Аннотация

Рассмотрены системы адаптации сельского населения к сложным экономическим условиям. Описаны выделенные в процессе исследования стратегии поведения, направленные на поддержание нормального уровня жизнедеятельности.

Экономические преобразования конца 20 века в значительной степени подорвали основу сельскохозяйственного производства государства. Особенно сильно это проявилось на Дальнем Востоке, в его южных районах, который всегда относился к зоне рискового земледелия и требовал достаточно серьезной поддержки от государства в данной сфере.

Сокращение занятости, а после и закрытие вследствие банкротства большинства предприятий (сначала колхозов, затем товариществ и т.д.) привело к ситуации экономического коллапса на селе.

По прошествии ряда лет, когда государство обратило свое внимание на проблему сельского хозяйства, остро стал вопрос, а можно ли его восстановить? Мы в данном случае делаем акцент не столько на материальное обеспечение сельского хозяйства, сколько на вопрос кадрового потенциала.

Если на первых порах занятость на с/х предприятии позволяла в счет заработной платы, которая не выплачивалась по нескольку лет, получать продукты самого предприятия [2], то чем сложнее становилась ситуация, тем меньше можно было рассчитывать на получение хоть какой либо оплаты со стороны предприятия. Под конец, единственной формой оплаты, которую предлагало предприятие – получение любого по размеру земельного участка (вроде бы в счет долга по зарплате).

Довольно длительное время сельское население (работники с/х предприятий) несмотря на полное отсутствие оплаты труда продолжали выполнять свои обязанности. Период подобных взаимоотношений продолжался от трех до семи лет. Только ближе к концу 90-х годов сложившаяся ситуация начала кардинально меняться. Факт невыплаты заработной платы стал основанием для прекращения трудовой деятельности.

Столько резкое и кардинальное преобразование, только с противоположным знаком происходило в начале 20 века, когда вся совокупность мелких производителей-собственников была преобразована в колхозно-совхозную систему производства. Всем известно, насколько болезненно происходила эта трансформация.

В конце 20 века сделана попытка провести обратную трансформацию, конечным результатом которой должна была стать масса мелких производителей. До сих пор остается не решенным вопрос, удалось ли это. В какой степени вчерашние работники колхозов смогли стать частными производителями, и смогли ли вообще. Во что превращается в настоящий момент сельский социум? В совокупность мелких производителей сельскохозяйственной продукции, то, от чего ушла Россия в начале 20 века, или в совокупность наемных работников на службе у хозяев-фермеров, и можем ли мы сейчас рассчитывать на то, что при восстановлении сельскохозяйственного потенциала страны, возможно будет найти работников для предприятий?

Однако исследование совокупности взаимоотношений хозяин-работник на селе, на данной ступени нашей научной работы, является второстепенным. Несмотря на то, что данный вопрос, вне всякого сомнения, является крайне важным, и в некоторой степени определяющим, для понимания того, куда пойдет село в современной России, но в настоящий момент не является основным для автора. В настоящий момент, особый интерес автора вызывает вопрос «Как выживало сельское население и вообще сельский социум».

Основная цель, поставленная автором в данной статье – понять каким образом на протяжении полутора десятилетий сельские жители, фактически не имея источников дохода (по крайней мере, официальных) жили, учили детей, приобретали бытовую и автомобильную технику, т.е. вели практически нормальную жизнь. Выявление инструментов, способов, которые были использованы сельским населением, позволит сформулировать, и более глубоко изучить те социальные и социально-трудовые стратегии, совокупность которых позволила выжить в жесточайших экономических условиях.

Исследование находится в начальной стадии, и данная статья, отнюдь не является итоговой, а скорее представляет собой постановку проблемы и обзор первичных результатов, полученных автором. Представленные данные являются результатом обработки неформализованных интервью с 12-ю сельскими жителями, проведенными в четырех сельских населенных пунктах на территории Еврейской автономной области. Автор далек от мысли, что ему удалось выявить все возможные стратегии трудовой адаптации сельских жителей, на данном этапе исследование это вряд ли возможно, но наиболее распространенные увидеть удалось.

В качестве результатов, в данной статье представлены так называемые «рафинированные» стратегии адаптации, без элементов их возможных сочетаний. Не вызывает сомнения, что в чистом виде данные стратегии применялись крайне редко. В большинстве случаев имело место сочетание представленных стратегий с преобладанием той или иной. Помимо этого, в данной статье не рассматривается временная динамика использования отдельных стратегий, что так же имело место, т.е. смена типа стратегий в зависимости от изменения общей ситуации. Все эти моменты автор планирует изучить в дальнейшем.

Стратегия первая

Натуральный товарообмен продуктов с/х, полученных как с личного хозяйства так и с колхозных полей на промышленные товары, которые завозились в деревню именно с этой целью либо родственниками, либо иными лицами. Соотношение ценовых характеристик было явно не в пользу жителей села, но при отсутствии иных вариантов, было приемлемо.

Основывалась данная стратегия на тесных контактах с родственниками или знакомыми, друзьями в городе. Формировалась так называемая «сеть поддержки» [3]. Чаще всего, система обмена носила псевдослучайный и псевдо-безвозмездный характер. Передача как продукции сельского хозяйства в город, так и обратный поток товаров с деревню носил форму взаимопомощи. И с той и с другой стороны «подарки» передавались совершенно «безвозмездно», но при этом складывалось вполне объективное ожидание получения ответных «даров». Что самое интересное, и это видимо связано с сильным влиянием патриархального уклада сельской семьи, возникало не только ожидание ответных подарков.

У стороны-реципиента возникало вполне объективное стремление отблагодарить за «подарок». Помимо прямых взаимоотношений родственник (знакомый) из города – родственник (знакомый) на селе, данная стратегия могла включать в себя, и чаще всего включала, более разветвленные социальные сети, как в городе, так и в селе. Необходимость «достать» тот или иной товар как в городе, так и на селе, приводил к тому, что в указанную систему взаимообмена могли включаться люди, не имеющие прямой дружеской или родственной связи между собой. Выступая «посредниками» при поиске, или «поставщиками» необходимого товара. В результате реализации данной стратегии сельские жители имели возможность получать практически любые промышленные товары, к которым был доступ в городе.

Вторичным результатом реализации данной стратегии (который в период ее реализации выступал инструментарием) явилось создание весьма разветвленной социальной сети «взаимопомощи». Которая, основываясь на «силе слабых связей» [1], изначально возникнув, продолжала существовать достаточно длительное время, даже после того, как отпала острая необходимость в ее функционировании.

Стратегия вторая

Данная стратегия представляет собой практически полный откат к натуральному хозяйству. Совершенно понятно, что реализация абсолютно замкнутой системы производства продуктов питания для семейного потребления практически не реальна. Но достаточно серьезное приближение к замкнутой системе нами было замечено. Особое значение для реализации данной стратегии играла возможность достаточно свободного получения земли для семейного пользования.

Концентрация внимания на личном подсобном хозяйстве, его максимальное расширение, с возможностью вырастить как можно больше продуктов питания и обеспечить себя ими (фактически натуральное хозяйство). Деньги в этой стратегии играли некоторую роль. Источником денег был город, который являлся основным потребителем излишков, преимущественно мяса (реже растениеводства в силу их дешевизны).

Стратегия связана: С максимально возможным расширением размера земельного надела, поголовья скота и птицы в подсобном хозяйстве. С выращиваем большинства необходимых продуктов питания. Овощей, ягоды. Получение некоторых товаров переработки так же самостоятельно (сливочное масло, сыр, творог, сметана, соевое масло, вина, варка пива, выделка шкур домашних животных, пошив из них элементов одежды).

Стратегия третья

Схожая с предыдущей стратегия. Отличие заключалось в том, что значительная часть производимой продукции как животноводства так и растениеводства вывозилась в город, где продавалась. В рамках этой стратегии, сельчане кооперировались группами с человеком, имеющим транспорт, компенсировали его расходы на топливо (4-5 человек скидывались и заправляли машину, либо кто-то заправлял машину своим топливом и т.д.) и выезжали в город. На рынке продукция распродавалась и, закупались необходимые вещи и продукты.

Стратегия связана: С расширением надела обрабатываемой земли, увеличением поголовья скота и птицы, частые поездки в город для реализации продукции с/х. Эпизодичное производство продуктов переработки (сыра, творога, сливочного масла, сметаны) либо производство их на продажу. Более широкое использование промышленных товаров, приобретенных в городе.

Стратегия четвертая

Стратегия удаленной занятости. Связана с нахождением работы в городе либо на территории области отстоящей от места жительства. Чаще всего поиск работы велся через знакомых либо родственников. В дальнейшем, найдя работу в городе, человек постепенно перетягивал в организацию, в которой трудился, близких друзей, родню. Подобный стиль занятости был сопряжен с поиском жилья в городе, что бы избежать ежедневных поездок *дом-работа-дом*. Жилье снималось в складчину, либо селились на первых порах у родственников, знакомых и т.д. Наиболее хорошими вариантами работы признавались: командировочный стиль занятости (когда работники организации занимались ремонтами, строительством, выполнением каких либо заказов на территории области, и следовательно их разъезды и проживание на территории области оплачивались работодателем) и занятость с графиком дежурств (когда уровень заработной платы позволял человеку приехать на дежурство, отбыть его вернуться домой и отдыхать несколько дней, что значительно сокращало транспортные расходы).

Несомненно, совокупность возможных стратегий адаптации значительно шире, как за счет не выявленных автором моделей выживания, так и за счет достаточно широкого поля сочетаний. Однако планируется продолжить эту работу, и возможно, создать более полную картину.

Литература

1. Грановеттер, М. Сила слабых связей / М.Грановеттер // Экономическая социология. - Т.10. - №4. - сентябрь 2009г С. 31-50
2. Соловченков С.А., Бляхер Л.Е. Специфика трансформации рынка труда депрессивного региона (на примере Еврейской автономной области) // Вестник С-ПбГУ, серия 12 «Психология, социология, педагогика» вып. 2, часть 2, март, 2009 С. 134-147
3. Штейнберг И. Процесс институализации сетей социальной поддержки в межсемейных и дружеских обменах / И. Штейнберг // Экономическая социология. Т. 10. №2. Март 2009г. С. 62-75

Серия: **ФИЗИКА И АСТРОНОМИЯ**

Жмудь А.А.

Внутреннее строение Земли: вырождение вещества в ядре и термоядерные реакции

Аннотация

Высказана гипотеза о том, что высокая температура внутри Земли связана с термоядерной реакцией и вырождением вещества в ядре.

Оглавление

1. Введение

Современная наука объясняет высокую температуру внутри Земли, не менее 6000 ^{0}C, исключительно гравитационными процессами сжатия и, возможно, сгоранием урана и плутония [1], несмотря на то, что это противоречит общим законам физики и термодинамики, фактическим данным о возрасте элементов урановой группы и т.д. [2].

В данной работе высказана гипотеза о том, что высокая температура внутри Земли связана с термоядерной реакцией и вырождением вещества в Земном ядре.

2. Вырождение вещества в Земном Ядре

Объективное существование высокотемпературных слоев вещества внутри Земли, которым уже около 4 миллиардов лет, с сегодняшнего уровня знаний, может быть безальтернативно объяснено только термоядерными процессами, способными выделять достаточное количество энергии на протяжении столь длительного времени.

В работе [3] высказана гипотеза о внутренней структуре астрономических объектов, согласно которой стационарная термоядерная реакция внутри них возможна только в относительно небольшой зоне вблизи "вырожденного" ядра данных объектов. В противном случае астрономический объект должен взорваться одномоментно, после того, как для основной массы вещества в ядре будет выполнен критерий Лоусона или аналогичный. Очевидно, что температура поверхности объекта, внутри которого сформировалась зона стационарной термоядерной реакции, будет определяться размерами этой зоны и размерами самого объекта в соответствии с общими законами термодинамики. Соответственно у небольших астрономических объектов, таких как Земля, температура их поверхности может быть достаточно низкой.

Исходя из указанного, можно предложить следующую примерную внутреннюю структуру Земли (рис. 1). Ядро в виде вырожденного вещества – 1, зона существования термоядерной реакции – 2, Мантия с различными слоями горячего вещества – 3, и Земная Кора – 4.

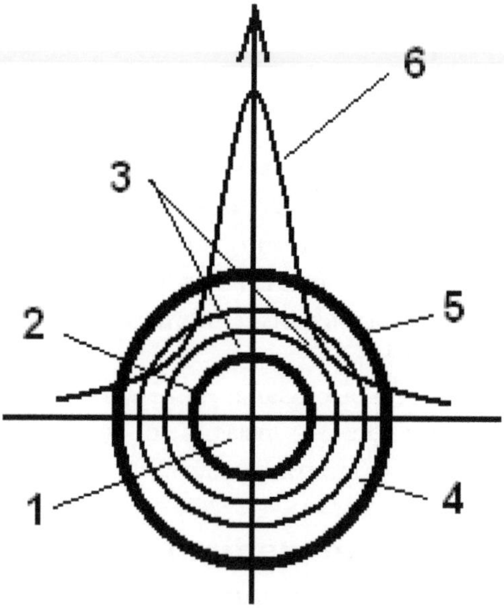

Рис. 1. Структура Земли. 1 – вырожденное Ядро, 2 – зона Термоядерной реакции, 3 – горячие слои Мантии, 4 – Земная Кора, 5 – Атмосфера, 6 –распределение плотности и температуры вырожденного вещества Земного Ядра.

Известные фундаментальные законы квантовой и ядерной физики требуют, чтобы распределение вырожденного вещества в ядре имело вид, аналогичный Гауссовому [4], "хвосты" которого могут "выходить" далеко за пределы Земной Коры и даже Земной Атмосферы [3]. Внешними проявлениями существования вырождения вещества в Земном ядре должны быть потоки различных элементарных частиц с импульсами от центра Земли и радиоизлучение из области пространства вне атмосферы. Соответственно внешними проявлениями наличия флуктуаций в зоне вырождения вещества и в зоне стационарной ядерной реакции могут быть флуктуации параметров ионосферы [5] и, возможно, полярные сияния.

3. Заключение

Предложенна гипотеза, которая объясняет длительное существование высокой температуры внутри Земли; наличие на Земле сравнительно "молодых" элементов урановой группы и других необъясненных геофизических явлений. Кроме того она открывает новые перспективы в области геологии и геофизики, и в области предсказания глобальных катастроф в частности.

Литература

1. Планета Земля, строение. http://galspace.spb.ru/index14.html, http://ru.wikipedia.org/, http://www.neuch.ru/referat/11384.html.
2. Уран. http://n-t.ru/ri/ps/pb092.htm, http://ru.wikipedia.org/,
3. А.А. Жмудь, ДНА, № 18, 2011 г., стр. 141-145. http://dna.izdatelstwo.com
4. А.А. Жмудь, ДНА, № 15, 2010 г., стр. 114-119. http://dna.izdatelstwo.com
5. Гохберг М.Б. и др. Исследование Земли из космоса. №1, стр. 30-38, 2011.

Жмудь А.А.

Ядерный синтез в локализованном сгустке ионов с инжекцией нейтронов

Аннотация

Описано наблюдение ядерного синтеза в результате инжекции нейтронов в локализованный сгусток ионов.

Оглавление

1. Введение

В соответствии с современными теоретическими представлениями, основной проблемой управляемого термоядерного синтеза является достижение определенных параметров плазмы, при которых ядерный синтез должен начаться практически автоматически [1].

В данной работе описано наблюдение ядерного синтеза в результате инжекции нейтронов в локализованный сгусток ионов.

2. Длительная локализация ионов

В отличие от проблемы длительного удержания стационарной плазмы, задача локализации положительных ионов в электромагнитных полях, оказывается существенно более простой. При этом время удержания ионов становится практически неограниченным, а параметры локализованного сгустка ионов могут быть легко измерены методами ВЧ спектроскопии.

3. Кинематика столкновений ионов с нейтронами

Из многочисленных экспериментальных данных известно, что при столкновениях нейтронов с протонами, высокую вероятность имею процессы обмена зарядами [2]. Соответственно при инжекции нейтронов в облако протонов, высокую вероятность имеют процессы замещения протонов нейтронами. В результате облако локализованных протонов достаточно быстро насыщается дрейфующими нейтронами, что в свою очередь приводит к возникновению ядерной реакции по схеме:

$$p^{+} + n^{0} \rightarrow p^{+} n^{0} - \Delta E \,, \qquad (1)$$

где p^{+}, n^{0} и ΔE – протон, нейтрон и дефект масс соответственно.

Рис.1. Фотография области локализованных ионов в момент наблюдения наличия ядерной реакции методом резонансной масс-спектроскопии. Яркость на фотографии примерно соответствует яркости, наблюдаемой невооруженным глазом.

4. Экспериментальные результаты

Эксперименты по наблюдению ядерных реакций синтеза в локализованном сгустке ионов с инжекцией нейтронов осуществлялись в вакуумной камере объёмом около 10 см^3. На первом этапе в вакуум на уровне 10^{-8} Pa осуществлялась инжекция протонов в виде ионизованного водорода, который собирался в центре вакуумной камеры при помощи специальной электромагнитной ловушки, расположенной внутри вакуумной камеры. При этом давление в камере падало до уровня 10^{-5} Pa. Уровень локализации протонов контролировался методом резонансной ВЧ масс-спектроскопии с разрешением на уровне 0,7-0,8 А.е.м. Затем в область локализации протонов (рис. 1) осуществлялась инжекция нейтронов. Наличие ядерной реакции синтеза фиксировалось по спектрограмме (рис. 2).

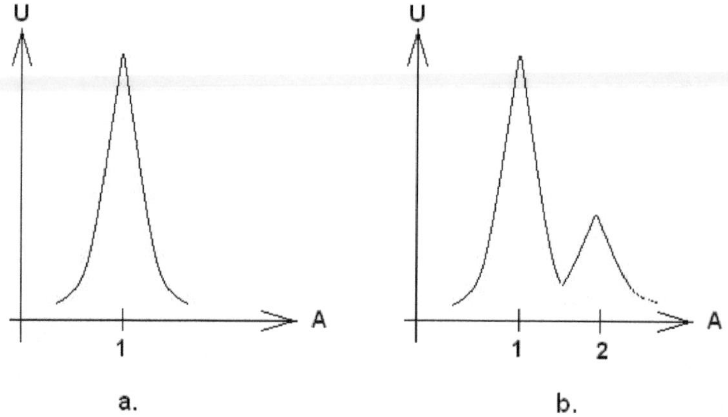

Рис. 2. Масс спектрограммы локализованных ионов до инжекции нейтронов (a) и после (b). A – атомная масса, U – амплитуда сигнала (уровень шумов – на уровне 10% от уровня сигнала).

Литература

1. Бойко В.И.. Соросовский образовательный журнал, №6, стр. 97-104, 1999 г.
2. Мухин К.Н. Экспериментальная ядерная физика. М. 1974.

Елкин И.В.

Модель массы

Аннотация

Используется космологическое разбегание и специальная теория относительности (СТО) при рассмотрении электрических сил взаимодействия. Это дает возможность обнаружить и выделить некоторое малое слагаемое силы электрического взаимодействия, которое ранее исследователями отбрасывалось из-за малости его значения (по сравнению с полной силой электрического взаимодействия). Однако сила электрического взаимодействия больше гравитационной силы примерно на 40 порядков, поэтому пренебрегать указанным слагаемым в рассматриваемом ниже случае нельзя. Это слагаемое определяет силу инерции, что, в свою очередь, определяет массу.

В настоящее время экспериментально не обнаружено гравитационное поле: после многих попыток не обнаружены ни гравитационные волны, ни носители поля. Есть только косвенные доказательства – подтверждения экспериментом некоторых возможных следствий существования такого поля. Но, понятно, что доказательство существования какого-то следствия не есть доказательство существования самой причины – источника поля. Вот если было бы доказанно отсутствие следствия, тогда доказанным было бы и отсутствие источника. Тогда возникает вопрос: если есть взаимодействие электронейтральных тел есть, то что можно предложить вместо гравитационного взаимодействия таких тел? Итак, необходимо получить модель взаимодействующих электронейтральных тел. Далее предпринимается попытка создать модель массы без гравитационного поля.

Определим, что для этого требуется.

1) Надо использовать только известную науке силу – например, электрическую силу.

2) Требуется получить силу взаимодействия примерно на 40 порядков меньше, чем электрическая (выбранная) сила, направленная всегда на притяжение.

3) Известно, что для того, чтобы получить любую силу, приложенную к телу, необходимо дифференцировать импульс этого тела по времени. Импульс зависит от скорости движения. Поэтому при дифференцировании импульса по времени неизбежно появляется дифференцированию скорости по времени. Если все скорости наблюдаются в одной инерциальной системе отсчета (ИСО), то все добавки к скорости входят линейно. Поэтому, очевидно, дифференциалом полной скорости будет линейная комбинация дифференциала скорости и добавки к этой скорости.. Если скорости и добавки к ним по каким-то причинам наблюдаются в разных (ИСО), то добавки к скоростям входят по формуле сложения скоростей. Тогда при дифференцировании появляется сложная функция дифференцирования формулы сложения скоростей. При этом может обнаружиться ранее не рассматриваемая сила. Следовательно, должны существовать хотя бы две скорости в разных системах отсчета и некие добавки к этим скоростям.

4) В предложенной модели силы взаимодействия не должно появляться неизвестных науке сил взаимодействия или сил, которые заглушают полученную силу.

Для этого поступим так:

а) Так как мы ищем взаимодействие, заменяющее гравитацию (предполагая, что гравитации и, соответственно, гравипотенциала нет), то мы должны отказаться от гравитационного изменения метрики при рассмотрении локальных масштабов (изменения метрики от соседних небесных и др. тел).

б) В природе существует известное космологическое разбегание, как неотделимая часть изменения космологической метрики, например, это метрика Фридмана-Робертсона-Уокера. Её природу и причины изменения мы обсуждать не будем. Эта метрика в изотропноой Вселенной, для локальных областей дает исчезающее малое разбегание материальных точек со скоростью «υ». По нашему предположению локальных изменений метрики нет (так как нет гравитации). Следовательно, космологическое разбегание – это единственное разбегание из-за изменения метрики в локальной области. Заметим, что разбегание (как известно) является ускоренным.

Чтобы использовать силу электрического взаимодействия вместо силы гравитации надо использовать два нейтральных тела, состоящих из заряженных частиц. Частицы одного тела попринципу суперпозиции взаимодействуют с частицами другого тела, а взаимодействия задают частицам некоторые скорости (вообще-то, разные). Будем считать их одинаковыми по абсолютной величине, так как именно этот результат и интересен (и не меняет общности рассуждения). Затем внутренние связи этих тел начинают компенсировать эти взаимодействия. Не нарушая общности рассуждения, одно тело будем рассматривать, как заряженную материальную точку A, а другое тело D - как две разнозаряженные материальные точки B и C, которые действуют на A. Фактически, A и D элетронейтальны друг для друга. Возникающие при взаимодействии скорости и силы будем приписывать только точке A, так как нас интересует только конечная результирующая сила, действующая на точку A. Естественно, эти скорости и силы относятся к разным частицам, но при этом мы не нарушим общности, так как в итоге нас интересует только одна материальная точка и, после всех взаимных компенсаций, итоговая её скорость и сила, действующая на неё. Рассмотрение материальной точки приводит к рассмотрению макросистем и избавляет от рассмотрения квантово-механических эффектов.

Найдем силу взаимодействия, декларируемую в п. 2) вначале без выяснения природы скоростей. Есть малая скорость u у *D* и скорость +v и –v для *A*. Формула сложения скоростей из СТО дает:

w=(v+u)/(1+vu/c^2).

При этом в формуле для силы (выражение силы через импульс) появляются дополнительные члены:

F=dP/dt,

где P=P(w) – зависимость импульса от скорости w – нас интересует только вариант изменения скорости по величине (см., например, в [1] раздел «Энергия и импульс»). Тогда:

F=dP/dt=Adw/dt,

где

A=m/(1-w^2/c^2)^(2/3)

(см. там же), а dw/dt – производная по времени от формулы сложения скоростей. Подставим её в формулу силы:

F=A[(dv/dt)/(1+vu/c^2)-
{(u+v)/(1+uv/c^2)^2dv/dt}u/c^2]

$$=f(1-u^2/c^2)/(1+vu/c^2)^2,$$

где $f=Adv/dt$ – выражение для силы (см. там же) при изменении скорости по величине. Возьмем положительное направление для f и v (направление на удаление) и найдем среднюю силу между силой отталкивания А и силой притяжения А:

$$Fcp=1/2f(1-u^2/c^2)(1/(1+uv/c^2)^2-1/(1-uv/c^2)^2)$$

$$=-f(1-u^2/c^2)2uv/c^2/(1-(uv/c^2)^2)^2) \quad (1)$$

В этой формуле v, f - абсолютные значения. Очевидно,

$$Fcp<<f,$$

так как в формулу линейно входят u, v, $1/c^2$. Ясно, что при достаточно малых значениях скоростей требуемое соотношение в 40 порядков достигается. При этом сила всегда отрицательна, следовательно, имеет место притяжение.

Важно отметить, что скорость (u) входит, как скорость разбегания, и всегда имеет знак (+). Та же формула (1) для некоторой скорости сближения $(-u)$ была бы формулой силы отталкивания.

Теперь рассмотрим п. 3). Так как рассматриваются малые значения, то мы ни чем пренебрегать не будем. Если для СТО требуется инерциальная система отсчета (ИСО), то никакие приближения и округления недопустимы! Это означает, что существующее космологическое разбегание А и D исчезающе мало, но оно есть. При этом dl - нелинейная функция времени, а, следовательно, ни А, ни D не могут быть использованы, как точки с которыми связаны ИСО.

Можно рассмотреть (и читатель может проделать это самостоятельно) точку между этими точками А и D и рассмотреть разбегание точек А и D относительно этой точки с переменными скоростями. При этом становится понятно, почему формулу сложения скоростей по СТО для скоростей точек А и D, можно применять при космологическом разбегании. Другие варианты объяснения не подходят, так как либо ускорение будет в той же системе отсчета и сложение скоростей будет обычным, либо надо как-то ускорять оба объекта по-отдельности. Сразу возникает вопрос по поводу взаимодействия ускоряющейся, например, ракеты с ускоряющейся Землей (имеется в виду ускорение Земли при движении вокруг Солнца). В этом случае ускорение Земли применимо и к ракете, поэтому и Земля, и ракета находятся в одной системе отсчета, хотя и ускоряющейся. Однако космологическое разбегание дает ускорение каждой материальной точке независимо от другой материальной точки.

Если рассмотреть все частицы Вселенной (считаем, что она изотропна), то А будет взаимодействовать с каждой частицей. Если А ускорить, то все частицы Вселенной, расположенные в той стороне, куда направлено ускорение точки А, будут отталкивать А, а все частицы Вселенной, расположенные с другой стороны, будут притягивать частицу - см. формулу (1). Это объясняет инертность точки А и, соответственно, ее массу. Сила инерции, действующая на А, зависит только от количества взаимодействующих электрически заряженных частиц в теле А и от величины ускорения тела А.

Заметим, что предложенная модель очень проста и, кроме СТО и космологического разбегания, в ней ничего не используется. Ещё, хотелось бы напомнить, что природа заряженных частиц, из которых состоит тело, до конца не выяснена.

Литература

1. Л.Д. Ландау и Е.М. Лифшиц, «Теория поля», Москва, Главная редакция физико-математической литературы, 1967г., печ. л. 28,75.
2. М. Роуэн-Робинсон, «Космология», НИЦ «Регулярная и хаотическая динамика». Институт компьютерных исследований, 2008 г., 258 стр.

Елкин И.В.

Гравитационного взаимодействия не существует

Аннотация

Рассматривается известный эксперимент Хафеле-Китинга с данными, проверенными спутниками GPS. Этот эксперимент очень важен для теоретической физики, он доказывает или опровергает существование гравитационного поля. Есть абсолютно точный теоретический расчет, как должен влиять гравипотенциал (если он существует) на результаты эксперимента. Есть специальная теория относительности (СТО), дающая часть расчета эксперимента. Данные эксперимента невозможно изменить и невозможно изменить расчет гравипотенциала. Естественно, СТО – неоспорима, поэтому, если расчет по СТО не противоречит существованию гравипотенциала, то гравипотенциал существует, но если противоречит, то не существует.

Теперь попробуем рассмотреть расчет эксперимента Хафеле-Китинга [1, 2] с помощью СТО более внимательно, а не только рассматривать формулу сокращения времени. Для простоты (и не меняя общности) рассматриваем движение самолёта из эксперимента, как движение по-окружности вокруг Земли. Математика разрешает рассмотреть эту окружность в виде ломаной линии, которая состоит из бесконечного числа бесконечно малых касательных отрезков.

Рассмотрим два произвольных соседних отрезка. Точку их соединения назовём А. Ясно, что движение по любому из отрезков – есть движение в отдельной инерциальной системе отсчета (ИСО). Модуль скорости при этом не меняется. Можно рассмотреть движение по-этим отрезкам из центра Земли, как из ИСО. Полученные значения этого движения можно перевести с помощью преобразований Лоренца в каждую из ИСО на рассматриваемых отрезках. Всё это известные вещи и расписывать их нет нужды. Известно так же, что в точке А значение времени ИСО одного отрезка не совпадает со значением времени ИСО другого отрезка – имеются в виду значения времени, которые получены с помощью преобразований Лоренца.

Теория – СТО - объясняет это так:

В точке А – точке изменения направления происходит переустановка часов. Методика переустановки требует сигнала в точке А от одной ИСО в другую ИСО, так как в каждой ИСО рассматриваются свои часы. Пока перечислялись известные факты, не требующие более детального описания.

Вся проблема заключается в том, что методика переустановки часов требует реального сигнала от одних часов другим часам. Это сообщение имеет квантово-механические эффекты, а практически бесконечная близость часов не спасает. Если бы эта переустановка была разовая, то это ни как не повлияло бы на результат и на теорию. Но бесконечное число отрезков приводит к появлению значительной величины среднеквадратичного отклонения от расчётной величины без, а это, в свою очередь, даёт значительную квантово-механическую погрешность..

Фактически, получилось, что теория СТО дает сокращение времени после кругосветного полёта с большим среднеквадратичным отклонением от величины Д – так назовем величину времени, полученную без погрешности при переустановки часов. Гравитационный потенциал может быть объяснён только величиной Д. СТО дает большие отклонения от величины Д. В реальном эксперименте отклонений от величины Д нет. Как мы договорились в аннотации, остается один вывод: гравипотенциала нет, так как теория не даёт величину Д, требуемую для его (гравипотенциала) существования.

Литература

1. http://ru.wikipedia.org/wiki/%D0%AD%D0%BA%D1%81%D0%BF%D0%B5%D1%80%D0%B8%D0%BC%D0%B5%D0%BD%D1%82_%D0%A5%D0%B0%D1%84%D0%B5%D0%BB%D0%B5_%E2%80%94_%D0%9A%D0%B8%D1%82%D0%B8%D0%BD%D0%B3%D0%B0
2. http://www.conspiracyoflight.com/Hafele_Keating_webapp/Hafele_Keating.htm
3. http://www.vixri.ru/d/Flandern%20Tom%20Van%20%20_Chto%20global%27naja%20navigacionnaja%20sistema%20GPS%20govorit%20nam%20ob%20otnositel%27nosti.pdf

Клишев Б.В.

Особенности воздействия гравитационного поля Луны на вращение Земли

Аннотация

Вода Мирового океана, более легкая и подвижная фракция в строении Земли. Вода начинает движение в сторону Луны с ускорением, относительно поверхности Земли и увеличивает массу в приливной волне. Вода двигается к Луне с ускорением и быстрее относительно поверхности Земли, чем Луна. Луна, одна из основных естественные причин (механизм) постоянной разбалансировки центра масс Земли и сохранения непрерывного вращения Земли в существующем направлении.

Оглавление

Введение

Рассмотрим сплошной стальной шар, шарнирно закрепленный на Стержне, который проходит через центр симметрии шара. Шар может свободно вращаться вокруг этого Стержня.

Соединим нитью оба конца Стержня с неподвижной Точкой и будем вращать шар вокруг этой Точки. Вращение шара вокруг Стержня под действием центробежных сил инерции не происходит, т.к. стержень проходит через центр масс и центр симметрии шара.

Чтобы шар повернулся вокруг Стержня, необходимо добавить груз на поверхность шара. Груз, не имея противовеса в другом полушарии, под действием центробежной силы инерции относительно Точки, повернет шар. Тем самым, импульсно создаст силу инерции массы частиц шара относительно Стержня, для непродолжительного вращения шара.

Вращение шара по инерции вокруг Стержня, не может быть продолжительным, т.к. центробежная сила инерции груза относительно Точки, стремится расположить груз на одной линии с нитью, с максимальным расстоянием от Точки.

Для непрерывного вращения шара вокруг Стержня, необходимо постоянно перемещать груз по поверхности шара, вызывая тем самым разбалансировку центра масс.

Раздел 1

В данной статье принимается, что во время движения Земли относительно Солнца:

1.1. Земля с Луной притягивается к Солнцу под воздействием гравитационного поля Солнца.

1.2. Земля с Луной находится под воздействие центробежных сил инерции в гравитационных полях Солнца и Космоса.

1.3. Роль нити выполняют силовые линии гравитационных полей Солнца и Земли, связывающие Солнце и металлическое ядро Земли, которое играет роль Стержня.

Раздел 2

Рассмотрим идеальное, не естественное состояние Земли. Предположим что Земля шарообразная, с гладкой поверхностью. Строение: твердый и однородный материал, без воды на поверхности. Подвергается воздействиям сил п.п.1.1 и 1.2.

2.1. Предполагаем, что под воздействием центробежных сил п.1.2, Земля не вращается вокруг своей оси, так как условия равновесия в объёме Земли не нарушаются, дисбаланса масс нет. Момент количества движения точек Земли относительно центра симметрии Земли, равен нулю.

Раздел 3

Заменим идеальное состояние Земли, рассмотренное в Разделе 2, естественным состоянием, но без воды на поверхности.

3.1. В результате замены добавится:

3.1.1. Разная плотность слоев внутреннего строения Земли, по глубине и по площади.

3.1.2. Не симметричное расположение впадин и возвышений поверхности Земли относительно экватора и оси симметрии (вращения) Земли.

3.2. Изменения в распределении масс, указанных в п.3.1, под воздействием центробежных сил инерции, п. 1.2, могут быть причиной дисбаланса масс и численного увеличения момента количества движения точек Земли относительно оси симметрии (вращения). В результате, возможен не полный оборот Земли относительно собственной оси симметрии (вращения). Условия для непрерывного вращения Земли вокруг своей оси отсутствуют.

Раздел 4

Добавим воду Мирового океана на поверхность Земли в момент начала поворота или вращения Земли п.3.2.

4.1. Рассматривая одновременно приливные волны и направление океанских течений [1], можно предположить, что большие массы воды также приобретают большой момент количества движения относительно оси симметрии (вращения) Земли.

Раздел 5. Влияние Луны

5.1. Частицы воды Мирового океана, которые находятся на одном расстоянии от центра масс Луны, притягиваются к Луне с одинаковой силой. В слоях равной плотности.

5.2. Западные побережья континентов имеют направления вдоль меридиан. Континенты (стены), делят Мировой океан на «резервуары», разные по объёму. "Резервуары" - Тихий океан, Атлантический океан и Индийский океан. Континенты (стены) «резервуаров» не позволяют частицам воды объединиться в одну приливную волну под Луной. Частичная циркуляция воды происходит через проливы.

5.3. Плоскость сечения I-I на рис. №1 произвольно делит Землю на полушария. Вода полушарий, под действием силы притяжения Луны двигается в разных направлениях.

5.4. Обращение Луны медленнее вращения Земли, отставание 2 мин. в 1 час [1]. Луна медленно двигается к следующему континенту (стене) и «резервуару». Размер континента (Евразия) вдоль экватора, тоже имеет значение, т.к. начальный момент воздействия гравитационного поля Луны на воду океана запаздывает по сравнению с американскими материками (когда наступает их очередь преграждать путь приливной волне)

5.5. Гравитационное поле Луны двигается с той же скоростью, но постоянно увеличивает силу притяжения и воздействует на частички воды с ускорением свободного падения.

5.6. Вода, более легкая и подвижная фракция в строении Земли. Вода начинает движение в сторону Луны с ускорением, относительно поверхности Земли и увеличивает массу в приливной волне. Относительно поверхности Земли, вода двигается быстрее, чем Луна.

5.7. Большая масса воды (приливная волна), двигается в направлении Луны и вращения Земли, с силой инерции воздействует на западные побережья континентов (стены) и дно океанов. Сила инерции приливной волны у западного побережья континента (стены) больше, чем у восточного побережья.

5.8. Т.к. усилие приливной волны прикладывается по касательной к поверхности Земли, возникает большой момент количества движения массы воды (вес двух-трех сотен миллионов км куб. воды умноженный на длину рычага равного радиусу Земли), относительно тяжелого ядра и оси вращения Земли.

Можно предположить, что усилие приливной волны является одной из пары сил, поддерживающей вращение Земли вокруг своей оси. Вторая сила, которая все время направлена от Солнца, это центробежная сила наиболее тяжелой части земной коры возникающая в гравитационном поле Космоса, но не Солнца.

5.9. Ожидая приближения Луны, приливная волна задерживается у западного побережья континента (стены). Гравитационное поле Луны максимально воздействует на массу воды. Масса воды в «резервуаре», под максимальным воздействием гравитационного поля Луны, медленно, без ускорения, перемещается к восточному побережью континента (стене) «резервуара».

5.10. Массы воды, остановленные восточным побережьем континента (стеной) «резервуара», под слабеющим гравитационным полем Луны, медленно, без ускорения возвращаются к западному побережью континента (стене) «резервуара».

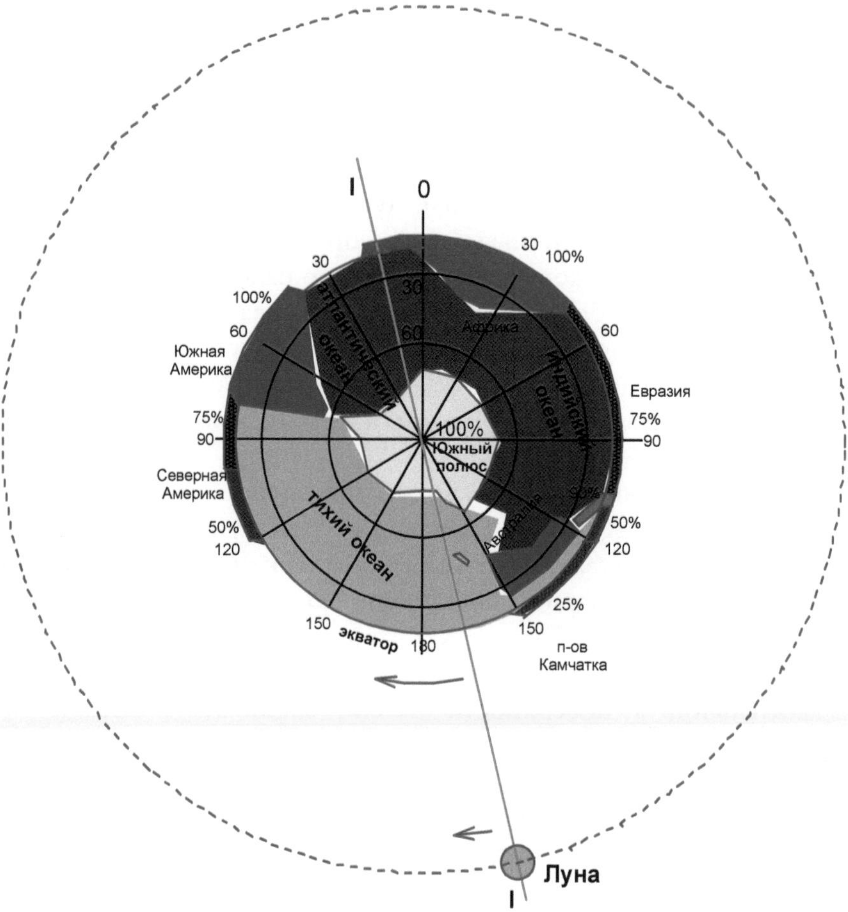

Рис. 1.

Выводы

Воздействие гравитационного поля Луны, не тормозит вращение Земли. Луна, одна из основных естественные причин (механизм) постоянной разбалансировки центра масс Земли и сохранения непрерывного вращения Земли в существующем направлении.

Можно объяснить нутацию оси и неравномерность скорости вращения Земли за счет изменения силы воздействия при наложении или противостояния гравитационных полей Солнца, Луны и внешних гравитационных полей Космоса (центробежные силы инерции).

Если закрыть разрывы суши между Южной Америкой и Антарктидой, Австралией и Антарктидой, Европой и Англией, то можно существенно изменить скорость вращение Земли.

Литература

1. Энциклопедия для детей. Т.3. География - 3-е изд., Э68 испр. Глав. ред. М.Д. Аксенова - М.: Аванта+, 1999 - 704 с.: ил. ISBN 5-89501-009-1 (т. 3) ISBN 5-89501-001-6

Самохвалов В.Н.

Силовые эффекты при массодинамическом взаимодействии в среднем вакууме.

Аннотация

Представлены результаты экспериментов по исследованию силового воздействия квадрупольного излучения вращающегося динамически несбалансированного диска на экраны в вакууме. Показано что силовое действие возрастает с увеличением глубины вакуума в диапазоне от 0,1 до 0,001 мм.рт.ст.

Содержание

1. Введение

В ранее проведенных экспериментах [1-4] установлено, что в вакууме порядка 0,1 мм.рт.ст. проявляется силовое действия давления массовариационного излучения вращающихся масс, имеющих переменный квадрупольный момент, на твердые тела (экран, диск). Было экспериментально установлено, что при снижении остаточного давления в вакуумной камере от атмосферного до 0,1 Торр величина силового действия квадрупольного излучения на твердые тела возрастает с увеличением глубины вакуума. В работах [2-3] было экспериментально исследовано силовое воздействие квадрупольного излучения вращающегося, динамически несбалансированного диска на подвижные экраны при глубине вакуума до 0,1 Торр. Создать более глубокий вакуум в ранее проведенных экспериментах возможности не было.

При этом имеет место отражение этого излучения от экранов [4]. Квадрупольное излучение отражается от жестко установленного экрана и вызывает возбуждение изгибной волны на диске, генерирующем это излучение.

2. Экспериментальное исследование теплового воздействия квадрупольного излучения на твердые тела.

Целью первой серии экспериментов являлось исследование энергетического воздействии квадрупольного излучения на твердые тела в вакууме – оценка степени поглощения или отражения этой энергии от экрана. Источником квадрупольного (массовариационного) излучения был вращающийся, динамически несбалансированный диск. Общий вид использованного экспериментального оборудования на базе вакуумной камеры, представлен на рисунке 1.

Рис. 1. Общий вид экспериментального оборудования

Оно включает: вакуумную камеру с экспериментальным устройством (рис. 2); источники питания электродвигателя экспериментального устройства, установленные вне камеры; лабораторный стенд для измерения температуры, цифровой осциллограф PCS64i и компьютер.

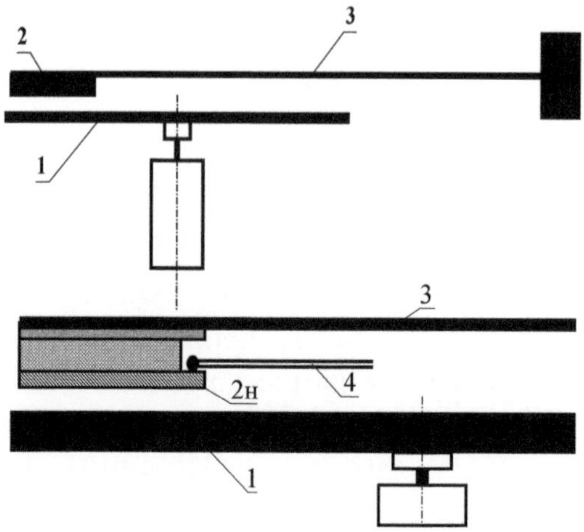

а)

б)

Рис. 2. Принципиальная схема, установленного в вакуумной камере (а), и общий вид (б) устройства с жестко установленным экраном и, закрепленной на нем, термопарой
1 – вращающийся диск, 2 – экран (2н – нижняя пластина экрана), 3 – консоль крепления экрана, 4 – термопара ХК

Экспериментальное устройство имеет динамически несбалансированный диск диаметром 164 мм, толщиной 0,9 мм из алюминиевого сплава АМг3, вращаемый электродвигателем постоянного тока марки Д-12 ТФ ($U_{Н}$=27 В, n = 13000 об/мин,

N=13,85 Вт), около которого размещался плоский экран. Электродвигатель подключался к источнику питания постоянного тока B5-48, расположенному вне вакуумной камеры, позволявшему поддерживать заданное стабильное напряжение.

Электродвигатель крепился на стальной плите устройства, толщиной 18 мм. Экспериментальное устройство с помощью винтовых колонок установлено враспор внутри вакуумной камеры. При проведении экспериментов обеспечивалась максимально возможная степень вакуумирования камеры, путем длительной работы вакуумного насоса марки АВЗ-20Д, позволяющего достигать остаточное давление в камере до 0,05 Торр.

Для измерения температуры экрана, с внутренней стороны медной пластины экрана (рис. 2а) была плотно прикреплена (оловянно-свинцовым припоем) хромель-копелевая термопара. Термопара подключалась к измерителю температуры (милливольтметру) типа Ш 4500, входящему в состав стенда, сигнал с которого подавался на цифровой запоминающий осциллограф PCS64i, использующий в качестве дисплея персональный компьютер. Это позволяло непрерывно фиксировать возможное изменение температуры экрана при его массодинамическом взаимодействии в вакууме с вращающимся диском.

Подсветка в вакуумной камере была отключена, для исключения ее теплового влияния на диск и экран. Начальный геометрический зазор между диском и экраном задавался в пределах 1,5…2 мм. Медная пластина экрана обрабатывалась мелкой шкуркой до получения матовой поверхности, на которой легко можно было бы зафиксировать следы механического контакта экрана с вращающимся диском, если они будут иметь место в проводимых экспериментах.

Напряжение питания электродвигателя задавалось U= 30 V, частота вращения диска составляла 140 – 160 1/с. После раскрутки диска наблюдалась изгибная вибрация диска, аналогичная описанной в [4]. Длительность процесса вращения диска и его бесконтактного взаимодействия с экраном задавалась около 3 минут.

При возбуждении изгибной волны на диске нагрева неподвижного и не вибрирующего экрана не зафиксировано. Это свидетельствует о высокой степени отражения излучения от экрана - энергия квадрупольного излучения с частотой 140 – 160 1/с материалом экрана практически не поглощалась, поскольку это приводило бы к нагреву экрана.

3. Экспериментальное исследование силового воздействия квадрупольного излучения на твердые тела.

Целью данной серии экспериментов было исследование интенсивности силового воздействия массодинамических сил на подвижные экраны в условиях среднего вакуума (от 0,1 до 0,001 Торр).

Эксперименты производились в научно-исследовательском центре космической энергетики (НИЦ КС) Самарского государственного аэрокосмического университета им. академика С.П. Королева (национальный исследовательский университет) при помощи и участии его сотрудников. Было использована та же небольшая вакуумная камера и экспериментальное устройство, которые автор ранее использовал в лаборатории Самарского государственного университета путей сообщения. Но эта вакуумная камера была подключена к большой вакуумной камере НИЦ КС, имеющей двухступенчатую систему вакуумирования (рис. 3).

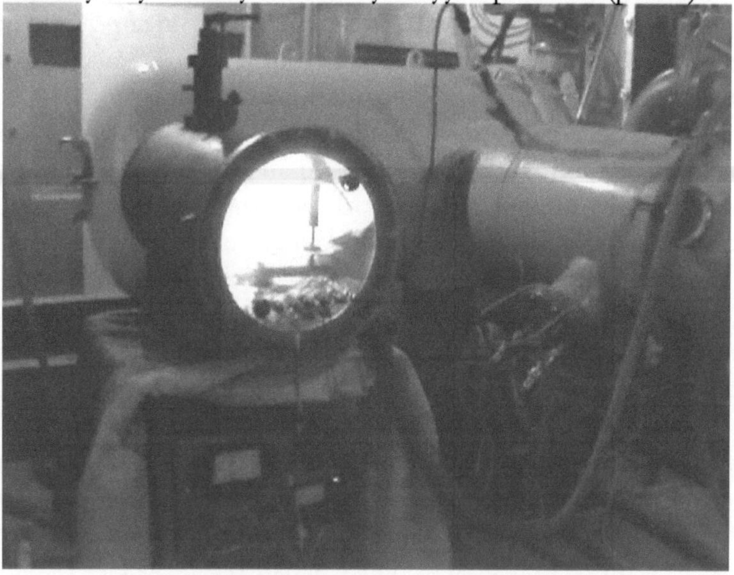

Рис. 3. Экспериментальное оборудование

Первоначальная откачка воздуха производилась форвакуумным насосом НВЗ-300, а затем более глубокий вакуум в камере обеспечивался бустерным паромасляным насосом 2НВБМ-160. Контроль и измерение глубины вакуума в камере производилось термопарным вакуумметром ВТ-2А-П.

Принципиальная схема экспериментального устройства, установленного в вакуумной камере, представлена на рис. 4. Устройство включает в себя динамически несбалансированный диск 1 из алюминиевого сплава АМг3, диаметром 164 мм, толщиной 0,9 мм и массой 51 г, вращаемый электродвигателем постоянного тока марки Д-14ФТ2с ($U_Н$=27 V, n=12500 об/мин). Электродвигатель подключался к источнику питания постоянного тока, расположенному вне камеры, позволявшему поддерживать заданное стабильное напряжение. Экспериментальное устройство с помощью винтовых колонок было установлено враспор внутри вакуумной камеры. Большая толщина стенок камеры (15 мм) и большая ее масса вместе с жесткой установкой устройства практически исключают его вибрацию в процессе вращения диска 1, имеющего динамический (моментный) дисбаланс.

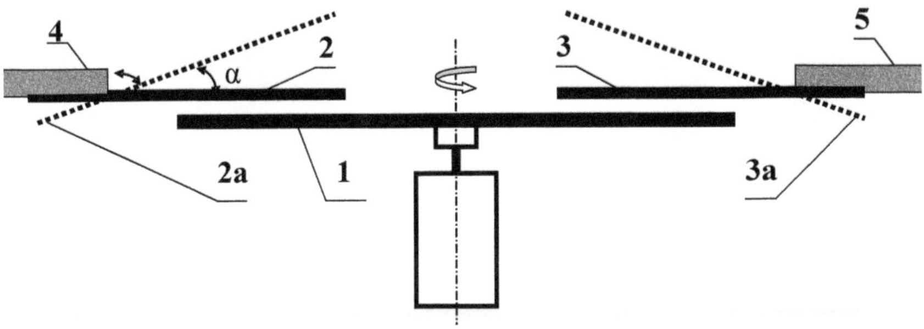

Рис. 4.

1 – вращающийся диск, 2 и 3 – подвижные экраны (2а и 3а – опорные участки рамок экранов «усы»), 4 и 5 – картонные основания

Над диском 1 (рис. 4) размещались подвижные экраны 2 и 3, которые имеют возможность свободного вращения во втулках, установленных на картонных основаниях 4 и 5. «Усы» рамок экранов 2а и 3а контактируют с картонными основаниями 4 и 5 (опираются на него), что исключает провисание и механический контакт экранов с диском 1. Картонные основания 4 и 5 (плотный картон толщиной 2,5 мм) позволяют также гасить микроколебания, которые могли бы передаваться на коромысло и, соответственно, на экран от работающего электродвигателя и вращающегося, динамически несбалансированного диска. Также, за счет демпфирующих свойств картона практически исключается упругий отскок экрана от основания при их контакте в процессе соударений. Картонные основания 4 и 5 имеют возможность перемещения вдоль винтовых колонок устройства, что позволяло устанавливать экраны на различном расстоянии от диска с их последующей жесткой фиксацией.

При проведении первой серии экспериментов, в устройстве были установлены два плоских экрана, покрытых алюминиевой фольгой, на проволочных коромыслах с зазором 1,5 .. 2 мм относительно диска, (рис. 5). Масса каждого из экранов составляла порядка 30 г, при массе диска 51 г.

Как показали эксперименты уже при остаточном давлении в камере P=0,1 Торр это приводит не только к небольшому отталкиванию экранов от диска при его раскрутке до 100-120 1/s, но и к возбуждению на нем сильной изгибной волны, аналогичной той, что возбуждалась на диске при жесткой установке экрана [4].

Рис. 5. Экспериментальная оснастка с тяжелыми экранами в вакуумной камере

Это привело, в конечном итоге, к сильному изгибу оси ротора электродвигателя. Указанный эффект был обусловлен возникновением больших массодинамических сил, вследствие отражения квадрупольного излучения от экранов, масса которых была сравнима с массой диска.

В следующей серии экспериментов над диском располагались два легких экрана (рис. 6).

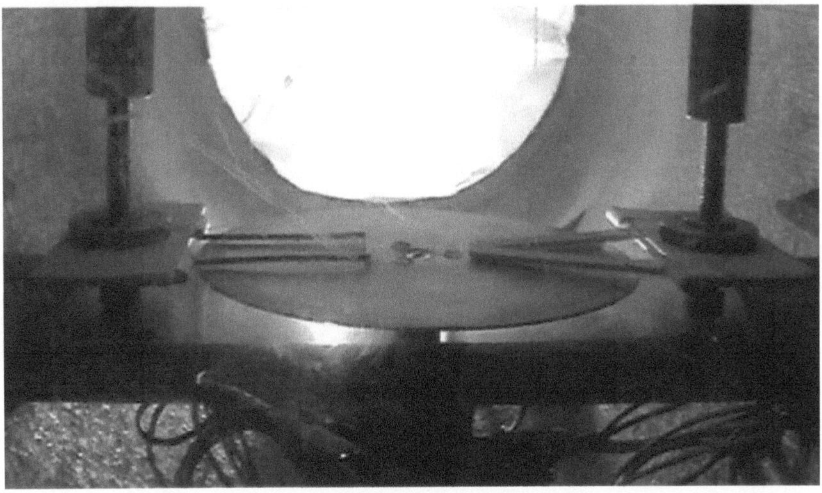

Рис. 6. Экспериментальная оснастка с легкими экранами в вакуумной камере

Первый экран (прямоугольная рамка) был выполнен из биметаллической сталемедной проволоки диаметром 2,4 мм. Второй экран (треугольная рамка) был склеен из деревянных пластин шириной 10 мм и толщиной 2 мм. Рамки вращаются в бумажных втулках, закрепленных на картонных основаниях, зафиксированных на стойках устройства.

Поскольку само устройство установлено враспор в толстостенной (15 мм) и тяжелой вакуумной камере, то это практически исключало передачу вибрации от электродвигателя через стальную плиту основания устройства на его стойки и далее на рамки (экраны).

Первоначально проволочная рамка была установлена с зазором около 2 мм относительно диска, а деревянная рамка – с зазором примерно 3,5 мм. Зазоры указаны примерно, т.к. диск имеет начальное осевое биение порядка 1,5 мм, которое снижается с ростом числа оборотов вращения диска вследствие действия больших центробежных сил и его относительно малой жесткости (толщина диска 0,9 мм).

В первой серии экспериментов была произведена откачка воздуха форвакуумным насосом до остаточного давления 0,1 Торр (мм.рт.ст.). При подаче напряжения питания 30 *V* и раскрутки диска до 100…120 1/s вначале наблюдались циклические непрерывные колебания проволочной рамки, т.к. она расположена ближе к диску. Угол отклонения рамки составлял порядка α=20°…30°, частота колебаний порядка 4…5 1/s. Колебания более легкой деревянной рамки, но расположенной дальше от диска, возникали только периодически. Угол ее отклонения достигал α=30°…40°.

Затем, без вскрытия камеры и без перенастройки устройства, была произведена откачка воздуха паромасляным насосом до остаточного давления 0,002 Торр. Как показали эксперименты, интенсивность силового действия массовариационного (квадрупольного) излучения диска на экраны значительно возросла. Возбуждались непрерывные колебания как проволочной, так и деревянной рамки. Угол отклонения деревянной рамки достигал 70°-80°. Угол отклонения проволочной рамки составлял порядка 45°. Большая величина отклонения проволочной рамки была невозможна, вследствие контакта «усов» рамки со стальной плитой устройства.

Видеосъемка процесса одновременного отталкивания рамок из разных материалов воздействием массодинамических сил как, в этом случае (P=0,002 Торр), а также предшествовавших экспериментов представлена на http://www.youtube.com/user/Begemotov#p/u.

Во второй серии экспериментов проволочная рамка была установлена с зазором 3 мм относительно диска, при неизменной настройке устройства и неизменном напряжении питания электродвигателя (U=30 V), но при трех различных величинах вакуума в камере: 0,1; 0,01 и 0,001 Торр.

Как показали эксперименты, при остаточном давлении в вакуумной камере P=0,1 Торр отталкивания проволочной рамки не возникает. При P=0,01 Торр возбуждается отталкивание рамки с небольшим углом отклонения α = 10°…20°, а при P=0,001 Торр интенсивность отталкивания достигает наибольшей величины, ограниченной «усами» рамки. Частота колебаний проволочной рамки была порядка 6…10 1/s. Таким образом, установлена интенсификация действия массодинамических сил и массовариационного (квадрупольного) излучения при увеличении глубины вакуума в исследованном диапазоне (0,1 … 0,001 Торр).

В третьей серии экспериментов варьировалась как глубина вакуума, так и расстояние от диска до экрана. Проведенные эксперименты показали, что с увеличением глубины вакуума от 0,1 до 0,001 Торр расстояние, на котором наблюдалось отталкивание проволочного экрана, возросло примерно в два раза с 1,5…2 до 3,5…4 мм, при прочих равных условиях (т.е. постоянной частоте вращения диска и неизменной величине его моментного дисбаланса).

При установке как проволочной, так и деревянной рамки на расстоянии более 5 мм от диска, при частоте его вращения 100…120 1/s отталкивание проволочной рамки не наблюдалось даже при P = 0,001 Торр. Это является следствием остаточного экранирующего действия воздушной среды, поглощающей и рассеивающей квадрупольное излучение вращающегося, динамически несбалансированного диска, а также относительного близкодействия массодинамического поля диска, вызывающего массодинамическую поляризацию вещества экрана. Относительное близкодействие массодинамического поля возможно качественно аналогично действию магнитного полю, пропорционального кубу расстояния.

Экспериментально полученные результаты свидетельствуют о том, массодинамические силы и массовариационное (квадрупольное) излучение действует на любые материальные объекты, независимо от их электрических характеристик [1]. Действие массодинамических сил носит объемный характер (аналогично действию электромагнитных сил), поскольку не зависит от площади экрана или рамки (ранее это показано в [4]).

Как видно на видеосъемке процессов, отталкивание экранов начинается с некоторой временной задержкой после раскрутки диска. Но затем отталкивание продолжается даже при значительном снижении частоты вращения диска (при его остановке). Это может быть объяснено сначала временной задержкой процесса массодинамической поляризации вещества экранов при раскрутке диска, возбуждающего массодинамическое поле, а затем сохранением в течение некоторого времени остаточной поляризации вещества экранов при снижении частоты вращения диска. Массодинамическая (спиновая) поляризации материала экрана - это ориентация векторов орбитального момента количества теплового движения атомов (молекул) материала экрана, а также возможно собственных спинов атомов, относительно силовых линий массодинамического поля вращающегося динамически несбалансированного диска (механическая спиновая поляризация) [3].

Качественно процесс силового воздействия массодинамических сил и массовариационного (квадрупольного) излучения на рамки из различных материалов был одинаковым. Но при этом, отталкивание более тяжелой проволочной рамки всегда начиналось раньше, чем деревянной рамки (при раскрутке диска), но и прекращалось также значительно быстрее - при снижении частоты вращения диска. При размещении рамок на одинаковом расстоянии от диска, силовое воздействие на проволочную сталемедную рамку проявлялось в несколько большей степени (большая частота колебаний), чем на деревянную рамку. Это возможно обусловлено различной скоростью и степенью массодинамической поляризации материалов с разной плотностью (в данном случае – медь и дерево).

Колебательный характер процесса отталкивания экрана с нарастанием амплитуды колебаний (угла отклонения рамки), при установившейся частоте вращения диска, обусловлен большим градиентом массодинамических сил (сильной зависимостью сил от расстояния до диска [2]), а также уменьшением нормальной составляющей действующей массодинамической силы, при изменении угла наклона экрана к диску.

Первоначально, при достижении массодинамическими силами величины превышающей вес экрана, начинается его отталкивание от диска, а затем, вследствие импульсного характера приложения нагрузки, экран (рамка) часть траектории проходит по инерции. После этого, под действием гравитационных сил (а также отталкивания «усов» от плиты устройства – у проволочной рамки) экран движется к диску, получает новый импульс и, таким образом, возникает процесс колебаний.

4. Выводы

1. Экспериментально установлено, что с увеличением глубины вакуума от 0,1 до 0,001 Торр расстояние, на котором наблюдалось отталкивание экранов, возросло примерно в два раза с 1,5…2 до 3,5…4 мм, при прочих равных условиях.

2. Величина силового действия массодинамических сил и массовариационного (квадрупольного) излучения – угол отклонения экранов и частота его колебаний, при прочих равных параметрах, растет с ростом глубины вакуума.

3. Действие массодинамических сил носит объемный характер (аналогично действию электромагнитных сил), поскольку практически не зависит от площади экрана или рамки, и качественно не зависит от вида материала (металл, дерево) и его электрических свойств (проводник, диэлектрик).

4. Энергия квадрупольного излучения материалом экрана практически не поглощалась, т.к. не зафиксирован нагрев экранов.

Некоторые возможные следствия из полученных экспериментальных результатов состоят в следующем.

Обнаружение гравитационных волн от космических объектов

Гравитационные волны (они же массовариационное излучение) из космоса не фиксируются на поверхности земли, т.к. они экранируются (рассеиваются) земной атмосферой, аналогично тому, как в проведенных экспериментах даже остаточной воздушной средой (а тем более при нормальном атмосферном давлении) экранируется массовариационное (квадрупольное) излучение вращающихся динамически несбалансированных масс.

Поэтому обнаружение гравитационных волн от космических объектов наземными измерительными устройствами практически невозможно, что и является основной причиной, по которой они до сих пор не обнаружены.

Литература.

1. Самохвалов В.Н. Массодинамическое и массовариационное взаимодействие движущихся тел. «Доклады независимых авторов», изд. «ДНА», Россия – Израиль, 2009, вып. 13, printed in USA, Lulu Inc. – С. 110-159.
2. Самохвалов В.Н. Квадрупольное излучение вращающихся масс. "Доклады независимых авторов", изд. "ДНА", Россия – Израиль, 2010, вып. 14, printed in USA, Lulu Inc. – С. 112-145.
3. Самохвалов В.Н. Силовое действие массовариационного излучения на твердые тела. Доклады независимых авторов», изд. «ДНА», Россия – Израиль, 2010, вып. 15, printed in USA, Lulu Inc. – С. 175-195.
4. Самохвалов В.Н. Исследование силового действия и отражения квадрупольного излучения вращающихся масс от твердых тел. «Доклады независимых авторов», изд. «ДНА», Россия – Израиль, 2011, вып. 18, printed in USA, Lulu Inc. – С. 165-187.

Жмудь А.А.

О необходимости восстановления народного фольклора

Фольклор надо развивать, иначе мы неминуемо превратимся в мусор.
Игорь Моисеев

Аннотация

Показано, что фольклор народов бывшего СССР требует восстановления, предложена методика восстановления и примеры.

Оглавление

1. Введение

Национальная культура любого народа, наиболее ярко проявляется в народных песнях: в особой и неповторимой специфике мелодий; в ритмике; в структуре, и т.п. При этом уникальной особенностью народных песен является то, что их приятно слушать даже при непрофессиональном исполнении, причем как при одиночном пении, так и при хоровом. Указанные свойства народного фольклора формируют культуру “праздничных”, “бытовых” или “застольных песен”, что и обеспечивает народным песням долгое существование.

Однако к настоящему времени культура “застольных песен” ряда народов России, практически полностью утрачена, причем и у русского народа в частности.

Объективно, это связано с тем, что доступные широкой общественности тексты наиболее ярких и известных народных песен русскоязычных народов существенно искажены, либо нелепо авторизированны. Такое состояние народного фольклора в России определилось в первую очередь тем, что к середине 19-го и в начале 20-го веков Российская Империя объективно стояла на пороге революционных потрясений. Соответственно значительная часть её интеллигенции использовала народный фольклор для нагнетания тяжёлой атмосферы в обществе. В результате на свет родились тексты: К. Рылеева – «Ермак»; Д. Садовникова – “Из-за острова на стрежень” (в оригинале “Волга, Волга” – см. далее); И. Сурикова – «Степь да степь кругом»; “Сулико”, известная в варианте А. Церетели и т.п. [1,2].

В годы гражданской войны 1917-1920 гг. народные песни использовались как “агитки”, причем всеми противоборствующими сторонами этого тяжелого для всей страны периода. Наиболее яркий пример – песня “Яблочко” [3].

В период с 1920-ых по 1980-е годы новой стране нужны были совсем другие песни, которые она и имела. А потому, уже в советских песенниках тексты народных песен оказались сильно искажены, либо заменены на тексты, соответствующие принятой идеологии (наиболее яркий пример – “Полюшко-поле” В. Гусева и Л. Книппера [2]).

В начале 1990-ых годов идеология сменилась, и тексты песен стали активно перерабатываться и переписываться, причём не редко под “блатной шансон”. Типовым примером является песня «Сизая голубка», современные варианты которой далеко перещеголяли “воровские” песни 1920-ых годов, построенных на её основе [2]. Из указанного понятно, что задача восстановления народного фольклора русскоязычных народов бывшего СССР является, безусловно, актуальной.

В данной работе предложена методика восстановления народных песен, приведены примеры такого восстановления.

2. Характерные особенности народных песен, существенные для целей их восстановления

Общий анализ совокупности известных народных песен различных народов позволяет выделить в них следующие основные особенности [4-6]:

– народная песня всегда имеет легко запоминаемую и очень простую общую часть в виде припева или вступления.

– в составе любой народной песни есть часть, которая понятным образом может видоизменяться в зависимости от конкретного события или круга людей, при котором она исполняется.

– смысловая часть песни или её смысловые фрагменты, всегда конкретны и логически закончены.

– структура песен и её ритмика также всегда конкретны, легко запоминаемы и логически закончены.

Соответственно, если считать искаженной любую песню, в которой указанные выше особенности искажены, то процесс восстановления песни должен устранить все найденные искажения.

Используя данный критерий при изучении различных народных песен Русскоязычных народов, автору данной статьи удалось откорректировать и восстановить уже несколько десятков песен, которые в результате стали значительно добрее и более просты для запоминания. Далее приведены примеры в качестве иллюстрации.

3. "Семь сорок" – самая неизвестная из известных

В современном общественно-бытовом сознании Русскоязычных народов, песня "Семь сорок" **со словами начала 20-го века, связанных с предреволюционными событиями в России,** безальтернативно считается наиболее ярким примером народного фольклора Русскоязычных Евреев [7], что очевидно абсурдно уж потому, что евреи на территории бывшего СССР появились задолго до этого.

Беглое изучение печатных и Интернет-ресурсов показывает, что и у самих евреев бывшего СССР нет ясного представления об истории появления мелодии и названия данной песни, а исследования возникновения её текстов ограничиваются периодом первых двух десятилетий 20-го века [4].

Из исследований, принадлежащих Советскому периоду [7] можно узнать, что мелодия песни "Семь сорок" пришла к евреям от молдавских (?) народов, где традиционно считалась свадебной … (!)

Здесь советские культурологи, очевидно, "попались в сленговые сети". Дело в том, что в многонациональной Российской империи у Волжских Казаков, восточных и северных народов Украины и др. появились сленговые названия евреев, одно из которых – "молдаване": "Купил у молдаван"; "Позвал музыкантов молдаван" и т.п.

Исходя из указанного следует, что исторически песня "Семь сорок" – **была старинной еврейской песней связанной со свадебными торжествами**. Соответственно сразу все становится ясно и с названием: период от беременности до родов с незапамятных времен обозначался как "семь раз по сорок дней", или сокращенно – "Семь сорок" [8,9].

Факт, что данное происхождение названия песни забылось – объясняется весьма просто. Похожие обозначения в разное время имели: меры веса, размера, длины; некоторые виды монет и т.п. Более того, евреи обладают специфическим национальным чувством юмора, который другим народам не всегда понятен. Естественно, что они пользовались этим и давали аналогичное обозначение вещам, иногда совершенно неожиданным…

Исходя из ритмики песни, можно достаточно определённо утверждать, что это - своеобразные еврейские частушки. Соответственно из всех известных текстов, наиболее близкими к оригинальным, будут следующие:

"Семь сорок"

Частушки русскоязычных евреев

1. Здравствуйте тетя Феня,
   Здравствуйте дядя Бене,
   Мы вас на свадьбу желаем пригласить
   К часу Вас приглашаем,
   За полночь мы гуляем,
   Будет приятным **праздник Наш** для **Вас**.
2. Здравствуйте милый Хаим,
   Мы Вам почтенье дарим,
   Теще и Вашей **маленькой** семье.
   На свадьбу приглашаем,

Наш добрый дядя Хаим,
Детишек ваших **будем рады видеть ЗДЕСЬ**

3. Милая тетя Соня
Мы Вам прощенья просим,
За то, что **Мы** обижались **Вы** на **Нас**.
На праздник приглашаем
В **семь сорок провожаем**,
Чтоб не испортили праздник **Нам** для **Вас**. (*)

Между куплетами музыкальный проигрыш, либо **произвольный припев**:

Вы приходите, точно, мы очень сильно просим,
там будут все – и ***тетя Соня и вино****!*
Подарки приносите, и сами приходите,
нам будет это все ***совсем не всё равно****!*

(*) Выделены слова и строки – места с двойным смыслом, иллюстрируют своеобразие еврейского юмора.

4. Русская народная песня “Калинка”

Внимательное изучение структуры, ритмики и смыслового содержания официальных вариантов этой известной песни [10,11] показывает, что её ритмика нарушена, а смысловое содержание незакончено. Более того, после чтения текста остаётся некое тягостное отношение от того, что “кто-то, где-то, что-то с путником…”, и это при том, что ритмика песни может быть обозначена, как “задорная”.

Изучив текст песни, автор данной статьи предположил, что песня явно перекликается с известной “прибауткой” или, по-современному – анекдотом: “Идёт по деревне путник, увидел у одного из домов красивую девушку и говорит ей: “Сестрица, дай напиться, целый день не евши, аж переночевать негде и с женой уже с ночи не спал”.

Исходя из этого, родился следующий вариант восстановления данной песни:

“Калинка”

Русская народная песня

Припев: Калинка, калинка, калинка моя!
В саду ягода калинка, калинка моя!

1. Ах! Да в дороге, да устали ноги,
Эй, добры люди, приютите меня.
Ай, люли, люли. Ай, люли, люли.
Эй, добры люди, приютите меня.

Припев:

2. Ах! Вышла девица, вышла молодица,
Я бы приютила, да я дома одна.
Ай, люли, люли. Ай, люли, люли.
Я бы приютила, да я жома одна.

Припев:

3. Ах! Ты молодица, душа девица,
Дай мне воды, да накорми меня.
Ай, люли, люли. Ай, люли, люли.
Дай мне воды, да накорми меня.

Припев:

4. Ах! Ты путник странный, ты нежеланный,
Да, не могу пустить к себе я тебя.
Ай, люли, люли. Ай, люли, люли.
Да, не могу пустить к себе я тебя.

Припев:5. Ах! Под сосною, под зеленою,
Спать положи же ты меня.
Ай, люли, люли. Ай, люли, люли.
Спать положи же ты меня.

Припев:

6. Ах! Под сосною, под зеленою,
Спать, так и быть, положу я тебя.
Ай, люли, люли. Ай, люли, люли.
Спать, так и быть, положу я тебя.

Припев:

7. Ах! Ты молодица, ты мастерица.
Да, под сосну в вечор приди ко мне.
Ай, люли, люли. Ай, люли, люли.
Да, под сосну в вечор приди ко мне.

Припев:

8. Ах! Ты молодица, душа девица,
Раз уж пришла, так поцелуй меня!
Ай, люли, люли. Ай, люли, люли.
Раз уж пришла, так поцелуй меня!

Припев:

9. Ах! Под сосною, под зеленою,
Мы целовались до утра.
Ай, люли, люли. Ай, люли, люли.
Мы целовались до утра.

Припев:

5. "Волга-Волга" ("Из-за острова на стрежень")

Не вдаваясь в подробности исследований, приведу здесь лишь окончательный результат. Изначально, песня известная сегодня под названием: "Из-за острова на стрежень" – была бытовой песней обрусевших потомков Волжских Варягов и имела примерно следующие слова:

"Волга-Волга"

Русская народная песня

припев: Волга, Волга мать родная. Волга, вольная река,
Как широко разливает воды, как ты глубока!
1. Здесь рыбак свой невод водит и в работе песнь поет.
Его сын улов уносит, ну а дома жинка ждет.
припев: Волга, Волга, мать родная. Волга, вольная река,
Как широко разливает воды, как ты глубока!
2. Здесь народ живет вольготно, вдоль брегов растут хлеба.
Волга, Волга – мать родная! Величава – как княжна.
припев: Волга, Волга, мать родная. Волга, вольная река,
Как широко разливает воды, как ты глубока!

В дальнейшем на мотив данной песни были созданы слова, прославляющие подвиги Степана Разина. Вариантов было много. Ниже приведен народный вариант, наиболее близкий к официальному – авторизированному.

"Стенька Разин" Русская народная песня	**"Из-за острова на стрежень"** слова Д. Садовникова [2], сокращенно.
Волга, Волга, мать родная. Волга, русская река, Как широко разливает воды, как ты глубока! Вон смотри, за островами, на простор речной волны Выплывают лебедями Стеньки Разина челны. Волга, Волга, мать родная. Волга, русская река, Как далеко простирает свои вольные брега. На переднем Стенька Разин, сам	Из-за острова на стрежень, на простор речной волны Выплывают расписные, острогрудые челны. На переднем Стенька Разин, Обнявшись, сидит с княжной, Свадьбу новую справляет Он, веселый и хмельной. … Позади их слышен ропот: "Нас на бабу променял, Только ночь с ней провожжался,

весёлый и хмельной. Возвращается с победой, он на Родину, домой! Всех жестоких басурманов в пух и прах, кругом разбил, Стал он грозным Атаманом! Славой, для своей земли. Волга, Волга, мать родная. Волга, русская река, Как далеко простирает свои вольные брега. Всё бы так, да при народе с ним персидская княжна. Он её добыл в походе, и теперь ему жена. А в полках уж ропот бродит: "Нас на бабу променял, День и ночь он с ней проводит, сам, похоже, бабой стал". Этот ропот над собою, Вдруг услышал Атаман И могучею рукою бросил в реку дивный стан. Волга, Волга, мать родная. Волга, русская река, Как широко разливает воды, как ты глубока!	Сам наутро бабой стал". Этот ропот и насмешки слышит грозный атаман И могучею рукою обнял персиянки стан. … Волга, Волга, мать родная, волга, русская река, Не видала ты подарка от донского казака! Чтобы не было раздора Между вольными людьми, Волга, Волга, мать родная. На, красавицу прими!" Мощным взмахом поднимает он красавицу княжну И за борт ее бросает в набежавшую волну…

6. Заключение

По мнению автора, приведенные здесь варианты известных народных песен – наиболее близки к исходным текстам, и уж во всяком случае – более адекватны национальному самосознанию народов, которому данные песни принадлежат. Ну, и главное – они не политизированы, легко запоминаются.

Литература

1. Русские песни. Сост. проф. Ив. Н. Розанов. М., Гослитиздат, 1952.
2. Песни на русском языке. http://www.spoika.ru, http://www.romance.ru.
3. Яблочко. Википедия – свободная Интернет энциклопедия. http://ru.wikipedia.org/wiki

4. Колпакова Н. П. Русская народная бытовая песня. М.-Л., 1962.
5. Лазутин С.Г. Поэтика русского фольклора. М. 1981. http://www.infoliolib.info/
6. Ерёмина В.И. Поэтический строй русской народной лирики. Л. 1978.
7. Семь-сорок. Википедия – свободная Интернет энциклопедия. http://ru.wikipedia.org/wiki
8. Ключников С.Ю. Священная наука чисел. http://www.new-numerology.ru/books/kl_10.htm
9. Популярная медицинская энциклопедия. Москва. 1961 г.
10. Калинка. Википедия – свободная Интернет энциклопедия. http://ru.wikipedia.org/wiki
11. Песня "Калинка, малинка моя", http://www.romance.ru/cgi-bin/index.cgi?page=74&item=120

Ржевский С.С.

Новая технология борьбы с подскоками проводов воздушных линий электропередачи

Аннотация

Разработана новая технология борьбы с подскоками проводов при сбросе гололеда в пролетах ВЛ, учитывающая региональные особенности гололедно-ветровых условий их работы и закономерности развития подскока как резонансного автоколебательного волнового процесса. Ограничение высоты подскока по новой технологии достигается регулировкой групповых параметров самой конструкции фазы в двух плоскостях ее изгиба. Даны примеры совершенствования ВЛ 330 кВ с традиционным горизонтальным расположением проводов на опоре и с повышенной их компактностью, а также продления жизни “старой” ВЛ 35 кВ путем ее реконструкции по новой технологии, что до решения проблемы подскоков проводов во многих районах России было ограничено или не достижимо по климатическим условиям.

На примерах типовых конструкций воздушных линий электропередачи (ВЛ) описаны закономерности развития интенсивности подскока проводов при сбросе гололеда и мероприятия по ее снижению.

Ряд терминов статьи предлагаются впервые, а именно: энергетическая глубина зоны подскока (Axis-of-screw flow energy of excitement of the jump), осевинтовой поток энергии возбуждения (The energy depth of the zone of the jump), изгибная жесткость конструкции фазы (Resistance of the phase to bend), коэффициент связи (Factor of relationship).

Проблема ограничения высоты подскоков проводов (фаз) при сбросе гололеда до сих пор в электроэнергетике не завершена. Для России эта проблема особенно актуальна в связи с повышенной циклонической деятельностью на ее обширных территориях в осенне-зимне-весенние периоды года, когда холодные циклоны с Ледовитого океана при встрече с теплыми южными потоками воздуха перемежаются и слоятся в них, глубоко охлаждая приземные слои, и образуя на проводах вмерзшие в них большие и прочные массы гололеда [1]. Гололед может длительно находиться на проводах, создавая негабарит их провисания и необратимую вытяжку алюминиевых повивов. При потеплении воздуха или плавке гололеда возникают подскоки, возможны перекрытия межфазных промежутков, см. рис. 1.

Рис. 1. Характерные аварийные последствия на *ВЛ* при не совместимости ее расчетных режимов работы с: сильным обледенением и большим провисов проводов (а); их высокоамплитудной (б), продолжительной (б) пляской, а также при подскоках и маятниковых поперечных автоколебаниях проводов при гололеде и порывистом ветре (г).

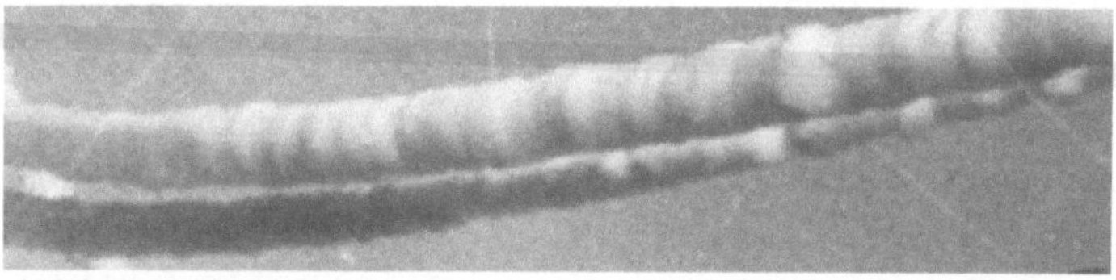

а) Мокрый снег при смерзании с проводом образует прочную и трудно разрушаемую гололедную муфту (ноябрь 1981 г., гололедный циклон, Шауляй).

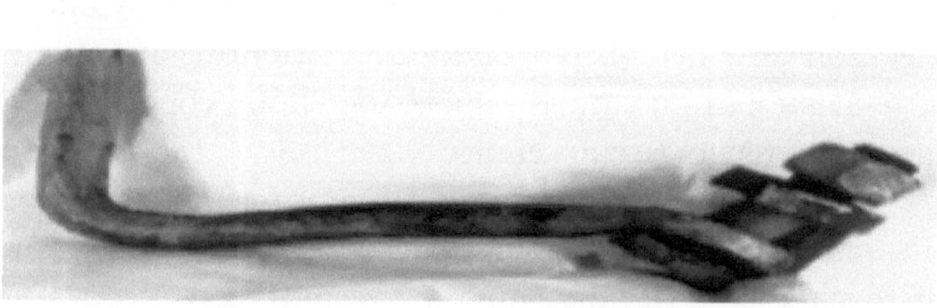

б) Разрыв скобы при 2-х недельной пляске проводов ВЛ 500 кВ, препятствующей допуску бригады к восстановлению последствий развития аварии, 1961 г.

в) Усталостная трещина в проушине крепления гирлянды ВЛ 400 кВ. ВоГЭС-Москва, д. Беговатово, 15 км от г. Арзамаса.

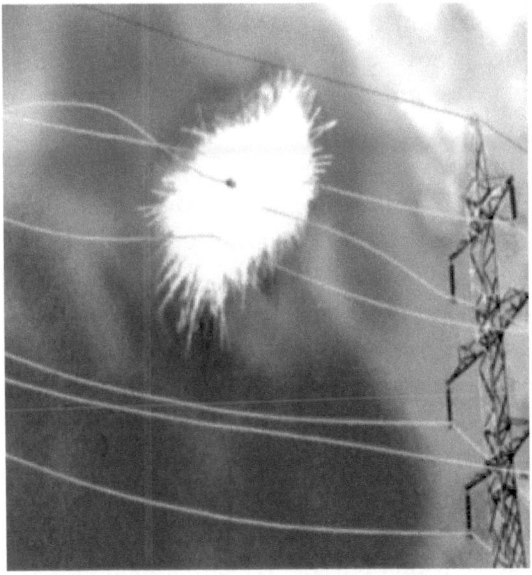

г) При отсутствии координации межфазных расстояний с высотой подскоков, с угловыми и линейными сближениями проводов в пролетах ВЛ поток аварийных отключений ВЛ порывистости ветра даже при сравнительно малом гололеде может охватывать большие районы сети ВЛ, порождая срывы электроснабжения (Башкирия, наблюдения автора).

В условиях отсутствия развитого моделирования режимов подскока проводов ВЛ основой инженерного поиска мероприятий по защите от перекрытий обычно служит пассивное наращивание длин траверс опор при их конструировании опор, метод проб и ошибок, многолетние эмпирические поиски приемлемых решений.

Первые попытки теоретического осмысления проблемы подскоков (J. Grebl, 1934 г., F. Haberland, 1940 г., Hunziker, 1945 г., В.В. Бургсдорф, 1947 г., А.Н. Карсаулидзе, 1956 г.) рассматривали этот процесс упрощенно, как квазистатическое изменение геометрии растяжения проводов при подскоке. В СССР проф. Бургсдорфом В.В. была предложена формула [2], в которой высота подскока A_{max} м в пролете длиной L м вычисляется как произведение разницы уровней провисания Δf м фаз до и после сброса гололеда на множитель равный $2\text{-}L/1000$ (где 1000 – метры),

$$A_{max}=\Delta f(2-L/1000). \qquad (1)$$

Формула (1) не учитывала разнообразие конструкций проводов, их расщепление в фазе, динамику резонансного развития подскока и факторы самоограничения его высоты силами реакции на изгиб у самой конструкции фазы. Для больших пролетов и участков сброса гололеда по формуле (1) требовались, как это отмечал и сам ее автор, чрезмерно большие межфазовые расстояния. В качестве защиты рекомендовалось [3]: шире применять автоматическое повторное включение линий, а в сильно гололедных районах – переходить на горизонтальное расположение проводов. Возможные при этом аналоги ВЛ уже были известны, это изящные зарубежные конструкции типа “бочка”, “елка”, “рюмка”, “портал”. Однако уже к 1961 году стало ясно, что без корректировки межфазных промежутков этих конструкций с учетом фактора пляски и подскоков в условиях России, см. примеры в [4] и в здесь, в таблице, поз. 2, их применение оказалось ограниченым.

В европейской практике строительства ВЛ в странах с мягким климатом у Гольфстрима, где массовая плотность гололеда обычно не превышает 0,1-0,3 г/см^3, вертикальное расположение фаз даже на компактных двухцепных ВЛ 115-138 кВ было вполне доступным [5]. Лишь в высокогорьи (США, Швейцария и др.), где массовая плотность льда достигала 0,6 г/см^3 и выше, приходилось значительно увеличивать разнос фаз. Массовая же защита от подскоков укладывалась в концепцию совершенствования ВЛ с такими мероприятиями:

а). Применение высокопрочных и термостойких сплавов алюминия, а также композитных конструкций проводов и фаз.

б). Увеличение шага расщепления проводов в жестких распорках (вместо парных дистанционных в СССР) и уменьшение расстояний между распорками для синхронизации деформаций изгиба и кручения пучка проводов конструкции фазы.

в). Усиление проводов высокопрочной сталью, оксидными алюминиевыми или пластмассовыми нитями.

г). Установка в подпролетах специальных распорок, демпфирующих вибрацию и ограничивающих сближение проводов.

д). Применение межфазных распорок, разделяющих пролет ВЛ на части дополнительными подвижными опорными точками фаз, ограничивающими их движение.

е). На ВЛ с одиночными проводами: применение самонесущих проводов с пластмассовыми оболочками, рассчитанными на повышенную электрическую прочность и стойкость к изгибу, а также с композитными высокопрочными и высокотемпературными проводами.

Цель настоящей работы – целенаправленное использование накопленного европейского комплекса мероприятий по новому его назначению - в более сложных климатических условиях России – как средства защиты от подскоков и пляски проводов, и одновременно с целью совершенствования устаревших конструкций ВЛ. В основе новой технологии – общий прогресс современных представлений о резонансе автоколебаний проводов, закономерности которых характерны как для подскоков, так и для пляски.

Анализ экспериментов с подскоками (ЦНИИЭЛ, 1956 г.) и наши обобщения принципов воздействия мероприятий европейского комплекса с позиций динамики колебаний фазы ВЛ, см. [6,8-10] и цитируемую там литературу, обнаруживают важные конструкционные *групповые их свойства*, ограничивающие амплитуду подскоков и пляски проводов как *автоколебательного явления с обратной связью.* Действительно, увеличение напряжения в проводах, синхронизация их изгибов в расщепленных фазах, увеличение диаметра, площади сечения S и модуля упругости E материалов увеличивает их жесткость к растяжению ES и изгибную жесткость EJ конструкций (где J – момент инерции площадей сечений проводов относительно оси изгиба фазы), от которой зависит *энергетическая глубина зоны подскока провода в пролете.* Изменение сил сжатия и изгиба провода при сбросе гололеда, в свою очередь, см. рис. 2, определяет уровень J_{am} предельной высоты линии *энергетического баланса зоны подскока* провода (в точке P), ограничивающей по терминологии динамики глубину потенциальной ямы предельных автоколебаний провода в нише неустойчивого равновесия квазистатических внешних сил [6,7]. На рис. 2 показано развитие фронта волны подскока провода на l- участке пролета L при сбросе гололеда, ϑ – скорость его поперечного подъема, c – фазовая скорость волны под воздействием *осевинтового потока* сил сжатия и изгиба F. На линии балансирования энергий подскока действующее значение вертикальных сил возбуждения подскока уравновешивается нарастающими силами реакции конструкции фазы на изгиб и силами сопротивления движению.

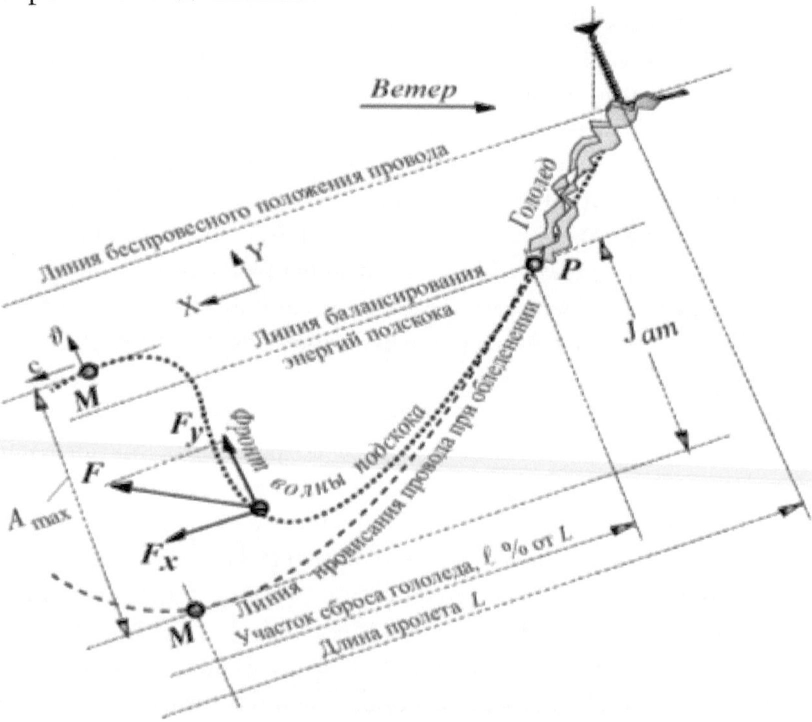

Рис. 2. Развитие гармонической волны подскока.

При средней амплитуде $A_{ср.}$ подскока ее максимум $A_{max}=(\pi/2)A_{ср.}$ отстоит от действующего значения на величину коэффициента амплитуды равного $k_A = A_{max}/(A_{max}/\sqrt{2}) = 1.41$, и отношение действующего значения амплитуд A_{max} к их средней величине равно коэффициенту формы k_f=1,1, а отношение максимальной амплитуды к действующей ее величине при балансе энергий равно k_A/k_f=1.41/ 1.1=1.28. Это означает, что максимум A_{max} подскока всегда сдвинут вверх относительно линии балансирования на 28%. Это дает ключ к практическому регулированию упомянутых выше групповых параметров. Именно: регулируя присущий самой конструкции фазы ВЛ уровень ее изгибной жесткости EJ и глубину J_{am} зоны высоты подскока, можно ограничить A_{max} расчетным уровнем 1,28 J_{am}.

Для анализа динамики подскока удобно разделить его силы условно на две группы: *"Большие" силы* квазистатического равновесия:

1) растяжение и тяжесть проводов, льда, давление ветра;

2) возвратные силы упругости растянутого провода;

3) силы его инерции при колебаниях вблизи равновесия сил 1-2.

"Малые" силы, заметно проявляющиеся лишь при подскоке:

4) аэродинамическое сопротивление движению провода от ветра и от набегающего на провод тормозящего потока воздуха, а также изгибные силы провода.

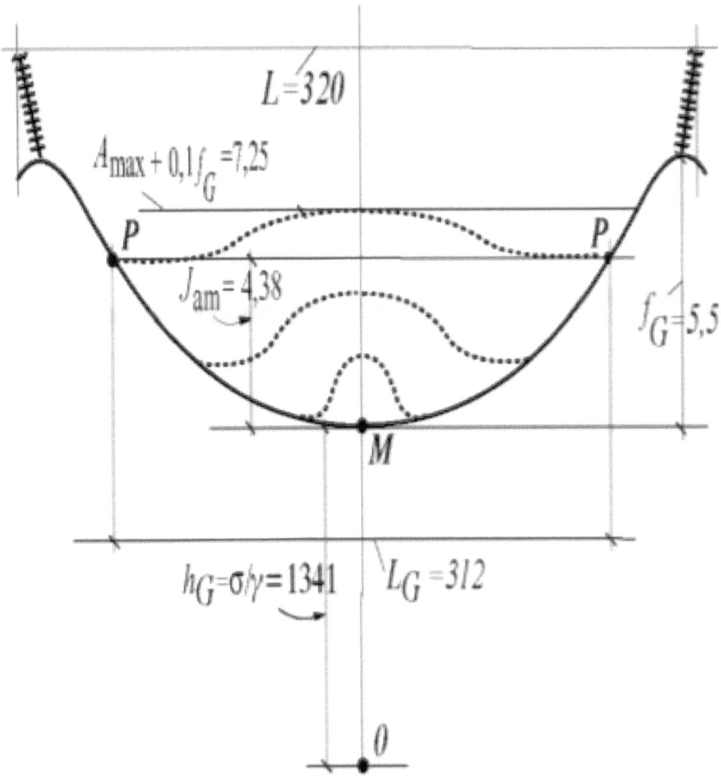

Рис. 3. Расчетные данные к примеру.

Для рассматриваемого здесь расчетного примера (см. ниже) на рис. 3 приведены характерные расчетные параметры подскока: A_{max} –

высота; $0{,}1f_G$ – исходная монтажная разрегулированность стрел провиса проводов (здесь - 10% от f_G); h_G– параметр гиперболы (*0* – начало координат, σ – напряжение, γ – приведенная нагрузка); J_{am} – глубина потенциальной ямы автоколебаний, L_G– участок сброса гололеда в пролете *L*.

Изменению 1-й и 2-й групп сил в движении всегда противостоит 3-я группа. Вклад малых сил обычно пренебрежимо мал.

Однако в пределах ниши неустойчивого их равновесия, когда большие силы уравновешены, при упругих отклонениях конца подвесных гирлянд изоляторов, или смещений вязок, изгибов опор в момент перетекания из пролета в пролет деформаций растяжений провода, проявляют себя и малые силы. *Физический смысл резонанса* по Даламберу состоит в равенстве изменений сил инерции 3 и сил упругости 2, см., например, справочник акад. Крылова стр. 415 в [11]. Появившиеся при сбросе гололеда проекции F_x и F_y осевой силы сжатия *F*, рис. 2, уравновешиваются: на оси *X* – большими силами, на оси *Y* по мере развития амплитуд подскока в нише равновесии больших сил – малыми. Рассмотрим закономерности этого взаимодействия на конкретном примере ВЛ с момента сброса гололеда на участке длиной L_G, что в долях длины *L* габаритного или ветрового пролета обозначим как *l* - участок, $l=L_G/L$.

Пример. Рассматривается сброс гололеда на ВЛ 330 кВ с компактными опорами МП 330-1, см. [9] и рисунок в поз. №1 графы 4 таблицы, в габаритном пролете *L*= 320 м с фазой 2хАС 300/39 во 2-м расчетном районе по гололеду. Диапазон режимов подскока ограничим *условием совместимости* их нагрузок на проводе с нормальными режимами работы ВЛ (иначе это были бы недопустимые сверх расчетные нагрузки). Границы диапазона будут ограничены снизу – малым гололедом при пляске с ветром 10,5 м/с и сверху – расчетным для ВЛ гололедом со стенкой *Be*=15 мм + ветер 15-19 м/с на высоте провода. Абсолютное растяжение провода равно ΔL=0,788 м, приведенная нагрузка от внешних сил γ=0,00862g Н/мм^2 (g=9,81м/с^2), максимальное кратковременное напряжение в середине пролета до σ=18,65g Н/мм^2, параметр цепной линии провисания провода $h_G=\sigma/\gamma$ м. Учитывается разрегулированность стрел провисания проводов до 10%.

Растянуто-изогнутый большими силами обледеневший провод с жесткостью к растяжению ES имеет погонный запас мощности сил растяжения J Вт/м (о расчете сил и энергий изгиба ВЛ аэродинамического торможения провода см. Приложение в [6]):

$$J=g\{[ES/(2L)](\Delta L)^2\}/L=77{,}7. \qquad (2)$$

При сбросе гололеда на l-участке возникает *осевинтовой поток* J_l энергии сжатия и изгиба провода (т.е. *подскок провода*) кратный J, (2),

$$J_l=J\,l. \qquad (2.1)$$

Это бегущая волна деформации провода, фазовая скорость которой c=125,1 м/с во много раз превышает поперечную скорость ϑ=2,4-4,3 м/с его движения. Поэтому на всей длине На l-участке практически одновременно возникают возбуждающие вертикальные импульсы распределенных сил F_y – проекций осевых сил сжатия F, рис. 2. Если при этом вне l-участка, где лед сохранился и прочность его смерзания с повивами достаточна, чтоб лед не был срезан силами сжатия, а на самом l-участке и на смежных его проводах расщепленной фазы стенка льда уже расплавлена или обрушена в ходе развития подскока, то максимум волны подскока у фазы возникнет именно на l-участке. Силам F_y противостоит лишь 4-я группа сил: 1) аэродинамическое сопротивление от набегающего на движущийся вверх провод потока воздуха со средней скоростью -$\vartheta_{ср.}$; 2) лобовое сопротивление в горизонтальном ветровом потоке; 3) реакция провода на изгибающие силы. Нарастание резонансной средней высоты подскока $A_{ср}$ продолжается в нише равновесия больших сил до тех пор, пока действующая сила возбуждения подскока J_l /($\vartheta_{ср.}$) при средней скорости $\vartheta_{ср}=A_{ср.}\omega$ с круговой частотой $\omega=\pi/\tau$, где τ-полупериод, не сбалансируется силами торможения на верхней границе *энергетической глубины зоны подскока* J_{am}, рис. 2, при высоте подскока $A_{мах}$. Отклонения гирлянд изоляторов сохраняют эту нишу с постоянством "собственной" энергии провода – плотностью энергии его *натяжения* $F_x= mc^2$ (где m – погонная масса) горизонтальной проекции силы F осевого *тяжения* провода. При подъеме провода выше $A_{мах}$ к равновесию подключаются и большие силы, возвращая провод в нишу их равновесия. В этом суть резонансного подскока проводов.

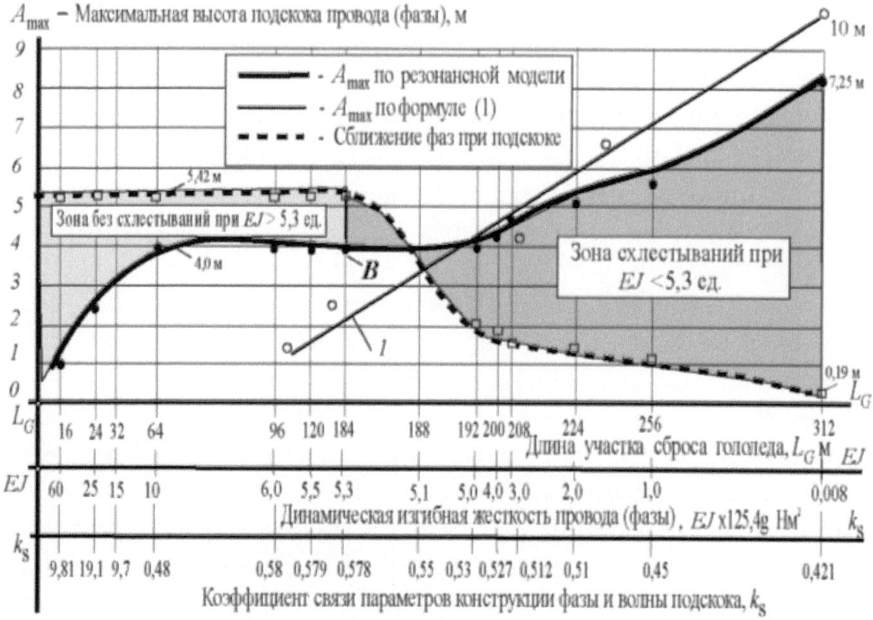

Рис. 4. Калибровочная взаимозависимость связки (в каждом сечении кривых) групповых параметров процесса подскока в пролете 320 м ВЛ 330 кВ с компактными опорами МП330-1, рис. 4.1: высоты (A_{max}), длины участка сброса гололеда (L_G), погонной динамической изгибной жесткости конструкции фазы в расчете на 1 провод фазы (EJ) и коэффициента связи параметров конструкции фазы и волны подскока (k_S). В точке B – граница зоны схлестывания, начало сближений фаз менее нормы (1,4 м) для параметров справа от B. Кривая 1 – высота подскока по упрощенной формуле (1) как функция L_G без учета EJ, k_S и конструкционных параметров фазы (пересчет АС150/24 к АС300/39 с учетом экспериментальных данных ЦНИИЭЛ по рис. 8, 9 в [3]).

По мере расширения участков подскоков провода в смежных пролетах энергия бегущей волны подскока при небольшом размахе амплитуд A_{max} (до 2-х метров) может захватывать большие участки ВЛ, особенно, при порывистом ветре и длинных гирляндах изоляторов сохраняющих повышенную глубину ниш равновесия больших сил. Колеблются фазы, гирлянды, арматура. Процесс может длительно развиваться в пролетах, пока накопленная кинетическая энергия многопролетной бегущей волны автоколебаний медленно не израсходуется и не трансформируется в застывшую статическую волну провисаний провода в пролетах. Такой режим изменения межфазных промежутков особенно опасен для ВЛ с большой зарядной магнитной мощностью, сброс которой порождает перенапряжения и перекрытия. Для его предотвращения необходимо ограничивать потоки осевинтовых деформаций между пролетами и увеличивать расчетную изгибную жесткость фаз, использовать наклонные гирлянды, протекторы, демпферы и др. Подобный процесс автоколебаний при малой погонной жесткости конструкций наблюдается даже в пролетах мостов.

С помощью расчетной программы, реализующей перечисленные выше закономерности подскока можно построить диаграмму, рис. 4, взаимозависимости (в каждом сечении кривых) динамических параметров $A_{\text{мах}}$, l и EJ и их *коэффициента связи* k_S при росте фактора EJ. Совместимость всех параметров достигается, во-первых, условием динамической взаимосвязи исходной статической жесткости $EJ_{\text{ст}}$ конструкции фазы (вычисляется по общим правилам строительной механики), и калибровкой ее динамической жесткости EJ через коэффициент связи k_S по условию равновесия динамической системы,

$$EJ = k_S EJ_{\text{ст}}. \quad (3)$$

Опрометчивой была бы попытка регулировать параметры подскока без учета их калибровочной взаимосвязи, характерной для автоколебаний.

Из диаграммы видно, что в исследуемом примере с опорой МП330-1, начиная от точки B, сближение фаз при подскоке равное разности расстояний, см. рис. в поз №1, между точками P_{22} (нижнее положение верхней фазы (2) правого яруса фаз (2)) и P_{12} (нижнее положение правой 1-й фазы 2-го яруса фаз) после вычета высоты подскока $A_{\text{мах}}$ становится меньше 1,4 м (норматив для ВЛ 330 кВ), и при увеличении участка L_G сброса гололеда снижается еще более, что может приводить к соударению и даже к забросу 1-й фазы на 2-ю.

Комплексное решение задачи о применении этой опоры с учетом новой технологии борьбы с пляской и подскоками дано в поз. №4 таблицы, при чем для всего диапазона длин подскоков и с сохранением проектной компактности опоры. Для этого плоскость расщепления фазы разворачивается к вертикали, см. рисунок в поз. №4 таблицы, например, на минимальный угол $\varphi = 80^0$ между плоскостью расщепления фазы и плоскостью ее провисания (на большой оси эллипса пляски фазы при отклонениях в ветровом потоке).

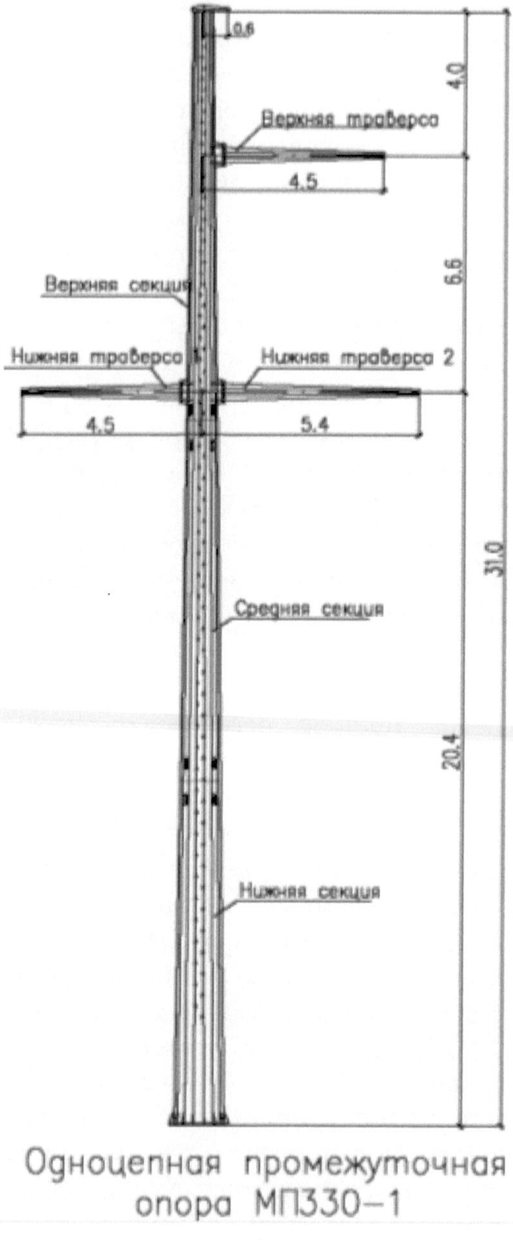

Рис. 4.1. Используемая здесь в Примере компактная одноцепная промежуточная опора ВЛ 330 кВ типа МП330-1 (разработка - *ОАО СевЗап НТЦ*).

Увеличение изгибных жесткостей ограничивает сближения фаз по вертикали при пляске и подскоках, а также по горизонтали при асинхронном качаний фаз вплоть до 129^0. Регулирование жесткости может осуществляться в зависимости от требований к уровню опасных сближений в режимах сохранения электрических в широком диапазоне параметров ВЛ по условиям безопасности, волнового сопротивление ВЛ, радиопомех, короны как на минимуме коэффициента связи при малых длинах сброса гололеда (в таблице k_s=1,93 при l =2,5 % (L_G=8 м)), так и на максимуме (k_s=10,5-11,9 при l =60-75 % (L_G=200-240 м). Могут также быть различными на разных траверсах и уровни жесткости фаз, см. поз. 6 таблицы.

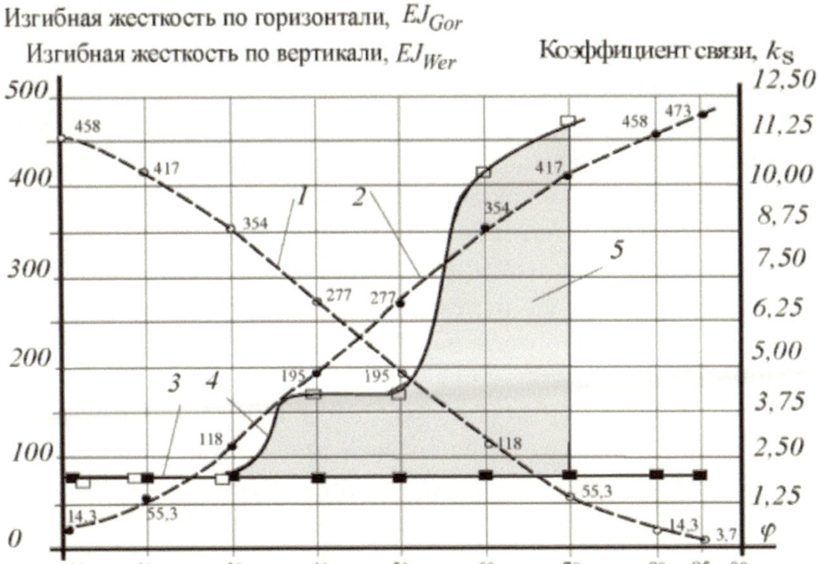

Рис. 5. Регулировочная диаграмма изгибной жесткости конструкции фазы по вертикали, горизонтали и ее коэффициента связи k_S с волной подскока по условию ограничения сближений проводов в зависимости от угла наклона φ плоскости расщепления фазы.

На рис. 5 приведена характерная для исследуемого примера *регулировочная диаграмма* коэффициента связи k_s как функции □-участка, которая может быть полезна при проектировании ВЛ. Изгибная жесткость конструкции фазы по вертикали (кривая 1, EJ_{Wer}) и горизонтали (кривая 2, EJ_{Gor}) и их коэффициент связи k_S с волной подскока (кривая 3 - минимум жесткости, кривая 4 - ее максимум) регулируются углом наклона φ плоскости расщепления фазы. Ограничение асинхронных маятниковых сближений фаз достигается выбором угла φ, обеспечивающего расчетную жесткость EJ_{Gor}. Ограничение по вертикали достигается повышенной жесткостью фаз при углах их наклона до 30^0 с настройкой параметров по кривым 1,3, выбирая расчетный уровень k_S из зоны его максимумов (5) по кривой 4.

В таблице даны различные примеры конкретного применения мероприятий по новой технологии, базирующейся на соотношениях (2), (2.1), (3). Здесь можно сравнить эффективность применения известных *традиционных методов* решения задачи – удлинение траверс и комплексное совершенствование опор ВЛ, которое достигается за счет оптимизации избыточных длин траверс и их разноса по высоте опоры, и др.

Практической проверкой новой технологии служит, во-первых, ее соответствие известным экспериментам ЦНИИЭЛ с искусственными подскоками – при частичном сбросе 20-30 грузов в пролете 100-250 м (см. кривую 1 на рис. 4). Диаграмма включает в себя эти данные как частный случай сброса гололеда в зависимости лишь от параметра l с перечетом данных к рассматриваемому здесь примеру, однако, без учета параметров EJ, k_S. Во вторых, технология включает в себя накопленный многолетний опыт конструирования типовых опор в СССР (см. поз. №3 в таблице) с использованием пассивной защиты от схлестываний при подскоке путем смещения точек подвески фаз, перехода к горизонтальным фазам (см. поз. 2 таблицы), и др. Наконец, используемые закономерности автоколебаний проводов соответствуют данным многочисленных экспериментов и аварий на ВЛ из-за пляски проводов [9]. Из этого следует, что расчеты и мероприятия новой технологии соответствуют опыту и полезны для практического применения.

Экономическую эффективность новой технологии борьбы с подскоками следует ожидать с ее применением, прежде всего, в снижении числа аварийных отключений и продлении жизни реконструируемых "старых" ВЛ (см. поз. 6 в таблице), взамен которых невозможно в одночасье построить более совершенные линии, а требуется срочная модернизация хозяйственным способом для увеличения мощности и надежности работы ВЛ, используя опоры, провод, и т.п. Следует также учитывать, что в действующих нормах рекомендации в части борьбы с подскоками проводов обычно отсутствуют. Между тем, замена дистанционных распорок на жесткие в сочетании с диссипирующими, см. п. 4 таблицы, является сравнительно не сложным мероприятием по увеличению изгибной жесткости фаз.

Новая технология открывает целое направлений возможных новых конструкционных разработок совершенствования ВЛ. В сочетании с апробированным европейским комплексом мероприятий открывается возможность целенаправленного расчетного увеличения мощности безопасных в режимах пляски и при подскоках компактных и двухцепных конструкций ВЛ, что во многих регионах с частыми случаями обледенения проводов и большой порывистостью ветра ранее было ограничено или недостижимо по климатическим условиям.

Выводы

1. Разработана новая технология борьбы с подскоками проводов ВЛ в тяжелых гололедно-ветровых условиях России, базирующаяся на ранее не учитываемых резонансных закономерностях этого процесса как автоколебательного волнового движения с самоограничением амплитуд самой конструкцией ВЛ за счет увеличения динамической изгибной жесткости фазы *EJ*. Увеличивая известными методами строительной механики ее статическую жесткость *EJ*ст. в (3) с учетом *коэффициента связи* k_S по условию ее автоколебаний в конкретном габаритном (или ветровом) пролете ВЛ при реконструкции или новом строительстве ВЛ, с помощью новой технологии можно ограничить уровень высоты подскока до безопасного расчетного уровня, см. примеры в таблице.

2. В примерах таблицы показана эффективность применения новой технологии в сочетании с апробированным в менее сложных климатических условиях традиционным комплексом европейских мероприятий совершенствования ВЛ по новому его назначению, – для снижения подскоков и компактизации ВЛ в более сложных климатических условиях России, что во многих ее районах ранее, до решения проблемы автоколебаний проводов при пляске и подскоках, было ограничено или не достижимо.

3. Новая технология борьбы с подскоками включает в себя данные известных экспериментов, накопленный многолетний опыт проб и ошибок выбора межфазовых расстояний типовых опор в СССР, а также зарубежный опыт применения комплекса мероприятий совершенствования ВЛ, что и определяет ее практическую пригодность.

ТАБЛИЦА 1.

Мероприятия комплексного совершенствования ВЛ по условию подскоков и пляски по новой технологии

№	Исходный режим совершенствования действующей или проектируемой ВЛ, пассивные и активные защитные мероприятия против подскоков и пляски.	Относительная динамическая жесткость EJ конструкции фазы; коэффициент связи волны подскока и конструкции фазы k_S; энергтическая глубина зоны подскока J_{am} м; высота подскока A_{max} м; длина участка сброса гололеда l% (L м), см. рис. 4.	Рисунок и комментарии к мероприятию.
1	**2**	**3**	**4**
1	*Исходная* ВЛ 330 кВ с промежуточным и компактными опорами МП 330-1, рис. 4.1: рассматривается режим сброса гололеда с проводов, совместимого с расчетными режимами работы ВЛ со стенкой до 15 мм, ветер на высоте	EJ=0,008; k=0,268; J_{am}= 7,13 м; A_{max}= 2,53 м - 5,22 м, участок сброса максимальный l=100 % (320 м). Схлест смежных проводов по вертикали и горизонтали при пляске и подскоке (подробности пляски см. в [9]).	Исходные сближения колеблющихся фаз в пролете определяются *характерными* динамическими точками **NW, NN, *PP*, *GG*** пляски и маятниковых качаний ***PP*** минус A_{max} при подскоке. Учитывается, что при дистанционных парных распорках вследствие значительной подвижности проводов в фазе их противодействие изгибам разобщено,

	колеблющегося провода от до 19 м/с, порывы ветра 1,4. Защиты от подскоков и пляски нет.		происходит схлест фаз по горизонтали (точка G_{11} левой фазы 11 справа от G_{12} фазы 12) и заброс по вертикали (точка подъема W_{12} нижней фазы 12 выше точки опускания P_{22} верхней фазы 22) [9]. Защитные меры см. далее в поз. 3-5. 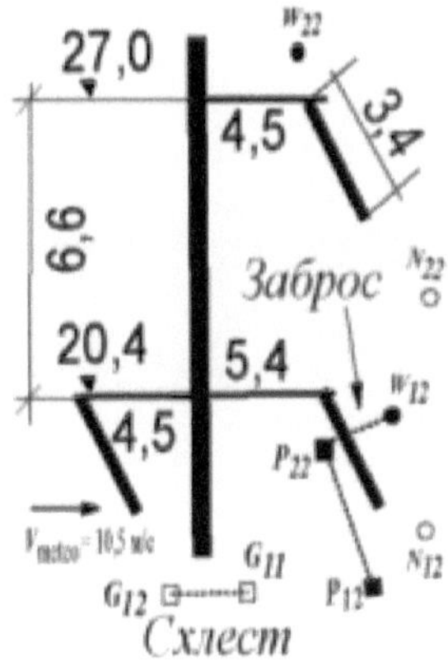
2	Исследуется на схлестывание первая в СССР компактная конструкция ВЛ 330 кВ с межфазовым расстоянием горизонтальных фаз 7,5 м на промежуточных опорах типа “портал на оттяжках”. Асинхронные маятниковые раскачивания фаз в порывах	Схлестывание проводов в пролете исходной ВЛ происходит при их асинхронных маятниковых раскачиваниях с угловой амплитудой до 60^0 : $G_{12}G_{11}$ = -0.7 м, EJ = 0,123 ед.; k_S = 0,41; J_{am}= 5,61м; A_{max} = 7,1 м , учитывается монтажная разрегулирован	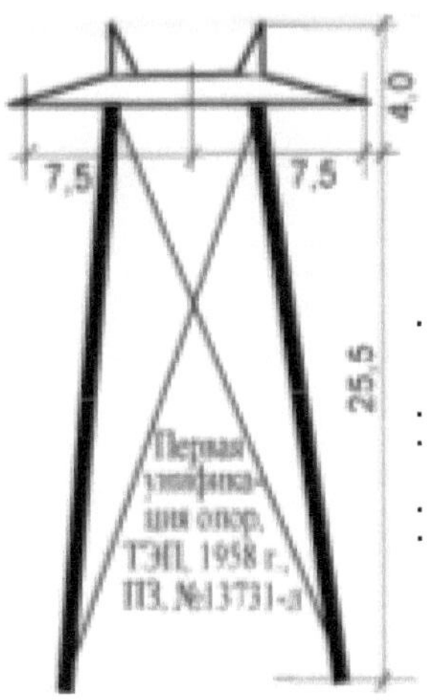 При увеличении и оптимизации изгибной жесткости проводов до 65 ед. компактность

	ветра не учитывались.	ность стрел провисания и вытяжка проводов до 10 %; *l*=100% (320 м). Изгибная жесткость *EJ* измеряется в условных единицах меры $E\pi d^4/64$ = 125,4g Нм^2, (*d* – диаметр провода, *E* – модуль упругости	линии можно сохранить, межфазное расстояние не увеличивать. На современных типовых конструкциях ВЛ 330 кВ межфазные расстояния увеличены до 14,1 – 17,6 м. *Примечание 1.* В регионах с малыми порывами ветра эффективной защитой могут служить межфазные распорки особенно цельностержневые – без промежуточных шарниров на оси распорки длинно-стержневые [10]. *Примечание 2.* При больших межфазовых промежутках в расчетах короны обычно пренебрегают индуктивной компонентой электрического заряда проводов. На компактных ВЛ минимальные промежутки по условию короны могут оказаться больше допустимых по условию пляски и подскоков.
3	*Комплексное традиционное решение* проблемы	Рассматриваютс я в комплексе характерные точки	Для предотвращения схлестываний требуется: увеличение длин: 1-й траверсы слева на 3,5-3,7

	горизонтальных и вертикальных сближений на ВЛ с опорой МП330-1 при пляске и подскоках по новой технологии регулирования разноса и длин траверс на опоре. Сохранение длин подпролетов (45 м), горизонтальная плоскость и шаг расщепления (400 мм) проводов в фазе	сближения ***W, N, P, G*** (см. рис. в поз. 1) поочередно всех пар смежных фаз, вычисляются и регулируются промежутки их сближения **NW, NN,** ***PP, GG*** при пляске и ***PP*** минус A_{max} при подскоке до нормы их сближения на рабочем напряжении.	м, второй справа – на 1,7 м, разноса 1-2 траверс на опоре – на 0,65 м. Разнос “трос -2-фаза” (по условиям грозозащиты) равен 5.25-7,3 м вместо 4 м. Параметры сближения при этом (нижняя фаза): A_{max} = 6,2 м, сближение 2,09 м; сближение фаз по горизонтали 3,42 м, по вертикали - 1,7 м, □= 100% (320 м). Условия безопасности, короны и сохранение управляемых электрических режимов ВЛ рассматриваются с учетом возросшей взаимоиндукции проводов.
4	*Оптимизация традиционного подхода активными мероприятиями*: применение жестких фазных распорок, обеспечивающих фиксацию шага расщепления проводов. Между ними – демпфирующие распорки, ограничивающие предел сближения	Компактные проектные габариты опоры сохраняются. При φ = 80^0 , см. рис. справа, жесткости фазы: по вертикали (в плоскости провисания) 14,34 ед., поперечная 459 ед; A_{max}= 3,52; J_{am}= 2,32 м; *l*= 12,5 % (40 м). Сближения фаз при пляске в норме: по вертикали 3,02	Подпролет фазы с жесткими (***A***) и диссипирующей (***B***) распорками. Точка ***B*** – середина подпролета фазы. В центре распорки регулируемый ограничитель стрелки сжатия распорки (50%).  *Вид в плоскости провисания фазы* Жесткие распорки и

	проводов в фазе до 0,5 радиуса расщепления; плоскость расщепления двух проводов в фазы поворачивается на расчетный угол φ для увеличения ее изгибной жесткости в двух плоскостях изгиба.	м, по горизонтали при угле асинхронных качаний 129^0 сближение в норме – 1,4 м, коэффициент связи 1,93. При подскоке сближение фаз *P*22_ *P*12- A_{max} = 5,4 м.	малая длина подпролета фиксируют угол φ между плоскостью расщепления фазы и вертикальной плоскостью ее провисания при отклонениях в ветровом потоке.
5	*Комплекс активных мероприятий* при увеличении натуральной мощности и температурного режима проводов: а) Увеличение прочности проводов высокопрочным и нитями оксида AL.	а) При увеличении прочности проводов на 20%: J_{am}=6,07 м; A_{max} = 4,0 м; *l*=97, 5% (292,5 м).	Уменьшение провиса фазы на 1,3 м может использоваться для повышения температурного режима проводов ВЛ, усиления токоведущей части фазы.
	б) Композитная конструкция фазы с несущими высокопрочным и канатами из пластмассы, арамидных нитей. в) *Трехфазные изолирующие*	б) В подпролете 150 м: J_{am}=1,55 м; A_{max} = 0,59 м; *l*= 100% (150 м).	Подскоки 0,59 м для обычных ВЛ практически не опасны, на *самокомпенсирующихся ВЛ* уровень допустимых сближений проводов задает электрический расчет ВЛ (рабочее напряжение в голове ВЛ, корона, реактанс ВЛ и др.).

	распорки-траверсы, объединяющие все три фазы пролета в единую конструкцию (”воздушный кабель ВЛ”). В центре межфазных распорок - траверс – несущий пластмассовый канат. В фазах - жесткие распорки. В примере: ветровой пролет МП330-1 (350 м).	в) Все фазы пролета работают при изгибе как цельная конструкция с очень большой изгибной жесткостью. Число распорок, шаг расщепления и допустимая интенсивность пляски и подскоков проводов в подпролетах задается электрическим режимом работы ВЛ, а также условиями безопасности, короны и радиопомех.	Транзитная межсистемная *самокомпен-сирующаяся* ВЛ – “*воздушный кабель*” для дальней электропередачи с малым импедансом, большими токами и малыми потерям электрической мощности при холодной сверхпроводимости токопроводов фаз. 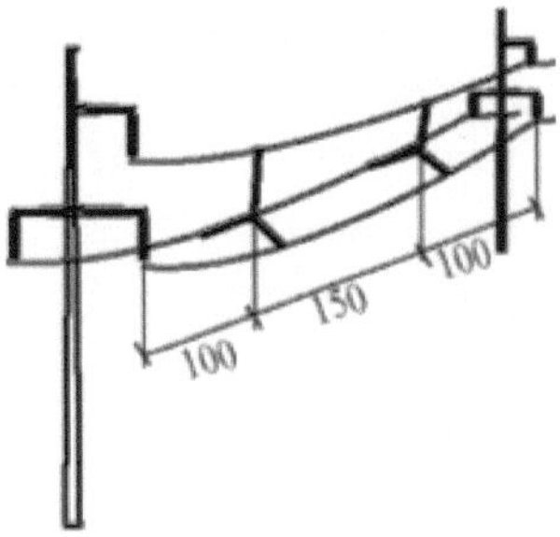 Используется максимальная напряженность электрического поля воздушного волновода. Температурный режим работы проводов не оказывает влияния на провисание несущего каната.
6	Распределительная сеть ВЛ 35 кВ. Усиление жесткости фаз: а) Высокопрочными пластмассовыми оболочками	а) Высота подскока и пляски снижается в 2,5-3 раза. б) Исходное состояние ВЛ 35 кВ (единственного	в) Одновременно с перетяжкой существующего провода подвешивается второй провод АС70/11 под углом 10^0 к вертикали на второй траверсе, где требуется наибольшая вертикальная жесткость

	расчетной толщины, см. Примеры 1,2 в [8], пример 1 в [7]; б) Дополни тельным несущим стальным тросом или вторым проводом. Жесткие + диссипирующи е распорки. В примере: защита от подскоков и пляски, увеличение мощности “старой” ВЛ 35 к*В* с промежуточной железобетонной опорой ПБ35-1В, для проводов АС 70 – АС 150; ветровые пролеты 145-190 м. Проект 1974 г. 3. 407-107: ветер – 500 Н/м^2 стенка гололеда 15 мм. Трос - С35 по Гост 306 2-55.	источника питания): частые случаи отключений от пляски и подскоков при гололеде, забросы нижней фазы на верхнюю, верхней – на трос, схлестывания фаз по горизонтали. Требуется: “продление жизни” ВЛ, увеличение мощности, защита от подскоков и пляски с сохранением опор и без длительного погашения потребителей (ремонт по анкерным участкам ВЛ). Порывы ветра до 1,4-1,7, гололед до 40 мм.	2-й фазы против ее заброса на трос, и на 45^0 – на нижних траверсах против схлестываний по гори-зонали. 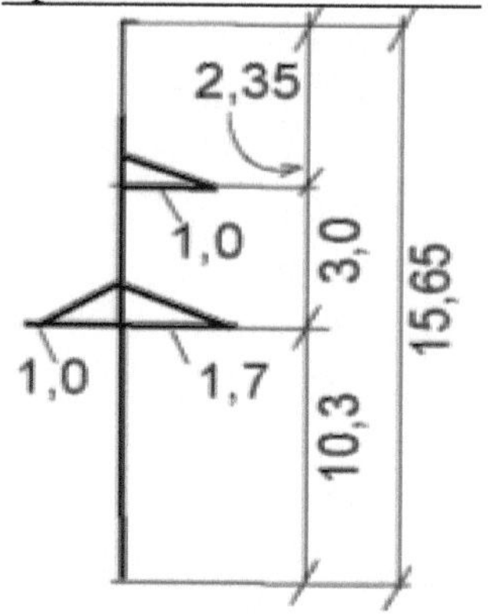 Используются жесткие распорки с шагом 182,25 мм на на всех фазах с подпролетами 52,5 м (не более!) и диссипирующие ограничительные распорки. Изгибные жесткости *EJ* фаз увеличи-ваются в двух плоскостях изгиба: по вертикали до 1299 ед. у верхней траверсы и до 141 - у нижней; и по горизонтали 47,6 ед. у верхней и 141 ед. у нижней). При этом сближения: фазы и троса 3,65 м, 1-й и 2-й фазы по вертикали 2,71 м, по горизонтали между правой и левой фазой 0,23м (норма 0,2).

Литература

1. Войтковский К.Ф. Механические свойства льда. АН СССР. 1960. С.100.
2. Бургсдорф В.В. Сооружение и эксплуатация линий электропередачи в сильно гололедных районах. ГЭИ. 1947.
3. Бургсдорф В.В., Карсаулидзе А.Н. Определение амплитуды подпрыгивания провода при сбросе гололеда или мокрого снега.//Труды ЦНИИЭЛ. ГЭИ.1956. С.91-107.
4. Ржевский С. С. Уроки системной аварии из-за пляски проводов на ВЛ 400-500 кВ."// Электро. №6. 2006. С. 9-15.
5. Transmission Line Reference Book. EPRI. California.115-138 kV Compact Line Design. 1978.
6. Ржевский С.С. Энергии волн пляски проводов воздушных ЛЭП 6-750 кВ. // Электричество. №4. 2008. С. 9-17.
7. Терлецкий Я.П. Теоретическая механика для физиков. М. УДН. 1987. С. 160.
8. Конструкционный способ ограничения интенсивных режимов пляски проводов воздушных ЛЭП. Патент RU №2387063 С1. Бюлл. №11, 2010
9. Ржевский С.С. Воздушные линии электропередачи без интенсивной пляски проводов. //Электрические станции. 2009. №4. С. 29-35
10. Ржевский С.С. Мероприятия по защите ВЛ от пляски проводов в климатических условиях России.// Электрические станции. 2011, №4. С. 33-39
11. Справочник по строительной механике корабля. Т. 2. Л-д, Судпромиздат, 1958. С. 614

Серия: **ЭЛЕКТРОДИНАМИКА**

Хмельник С.И.

Расчет статических электрических и магнитных полей на основе вариационного принципа

Аннотация

Рассматриваются плоские статические электрические и магнитные поля, которые возникают около заряженной полосы, вытянутого торца постоянного магнита, полосового токопровода. Показывается, что напряженности таких полей доставляют минимум некоторому функционалу. Предлагается метод расчета таких полей, заключающийся в градиентном спуске по указанному функционалу. Отмечается колебательный характер таких полей. Затем метод обобщается на объемные статические электрические и магнитные поля.

Оглавление

1. Электрическое поле заряженной бесконечной полосы – задача 1.

Уравнения Максвелла для электростатики имеют вид

$$\operatorname{div}(E) = \frac{\rho}{\varepsilon},. \tag{1}$$

$$\operatorname{rot}(E) = 0,. \tag{2}$$

где

ε - абсолютная диэлектрическая проницаемость среды

ρ - плотность электрических зарядов.

Пусть заряженная пластина имеет вид бесконечной полосы– см. рис. 1.

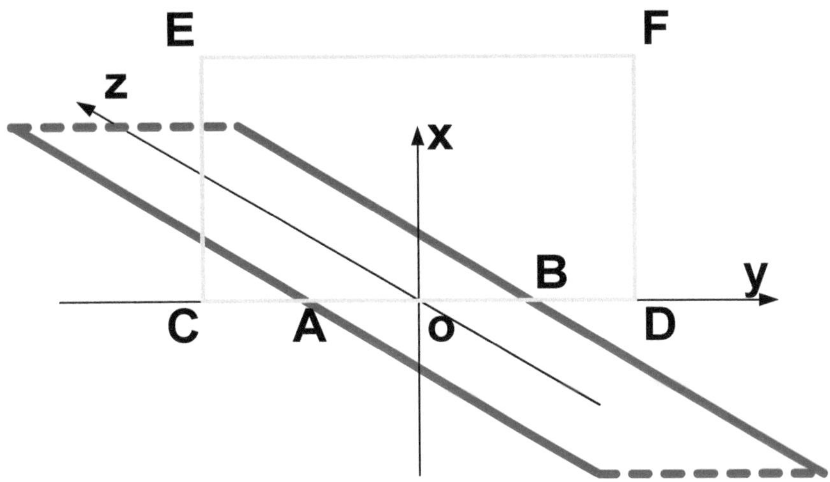

Рис. 1.

В этом случае напряженность $E_z = 0$ и уравнения электростатики принимают вид

$$\frac{\partial E_x}{\partial x} + \frac{\partial E_y}{\partial y} = \frac{\rho}{\varepsilon}, \tag{3}$$

$$\frac{\partial E_y}{\partial x} - \frac{\partial E_x}{\partial y} = 0, \tag{4}$$

поскольку в этом случае

$$\operatorname{div}(E) = \left(\frac{\partial E_x}{\partial x} + \frac{\partial E_y}{\partial y} \right),. \tag{5}$$

$$\mathrm{rot}(E) = \left(\frac{\partial E_y}{\partial x} - \frac{\partial E_x}{\partial y} \right). . \tag{6}$$

Пусть функция распределения плотности электрических зарядов по ширине полосы имеет вид

$$\rho(x, y) = \rho_o \mathrm{Chd}(\beta y) \lambda'(x), \tag{7}$$

где

Chd - функция гиперболического косинуса, определенная на отрезке $y \in \left(-R, R\right)$, причем $2R = \overline{AB}$ - см. рис. 1; далее будет использоваться также функция гиперболического синуса Shd, определенная на этом же отрезке;

$\lambda'(x)$ - функция Дирака;

ρ_o, β - известные коэффициенты.

В [1, 2, 3] показано, что решение уравнений (3, 4, 7) при $x>0$ принимает вид

$$E_x(x, y) = e_x \mathrm{Chd}(\beta y) \cos(\chi x), \tag{8}$$

$$E_y(x, y) = e_y \mathrm{Shd}(\beta y) \sin(\chi x), \tag{9}$$

$$e_x = \frac{\rho_o}{\varepsilon}, \tag{10}$$

$$e_y = e_x, \tag{11}$$

$$\chi = \beta. \tag{12}$$

Однако это решение справедливо в близкой окрестности пластины, поскольку не учитывает краевые эффекты. Далее рассматривается решение этой задачи 1) с учетом краевых эффектов и 2) при произвольной функции распределения зарядов вдоль ширины пластины.

Расчеты показывают, что функция (7) хорошо аппроксимирует реальную функцию распределения плотности электрических зарядов. На рис. 1а представлена реальная функция распределения плотности электрических зарядов при различных значениях $R=b$ (точечная синяя линия) и аппроксимирующая ее функция (красная толстая линия) вида

$$\rho_a(y) = \frac{\rho_o}{g \cdot R^2} \left(\mathrm{Ch}(\beta y) + g \right), \tag{13}$$

где координаты и R измеряются в соответствующих единицах и

$$g = 1800\,, \tag{14}$$

$$\beta = a/R\,, \tag{15}$$

$$a=10. \tag{16}$$

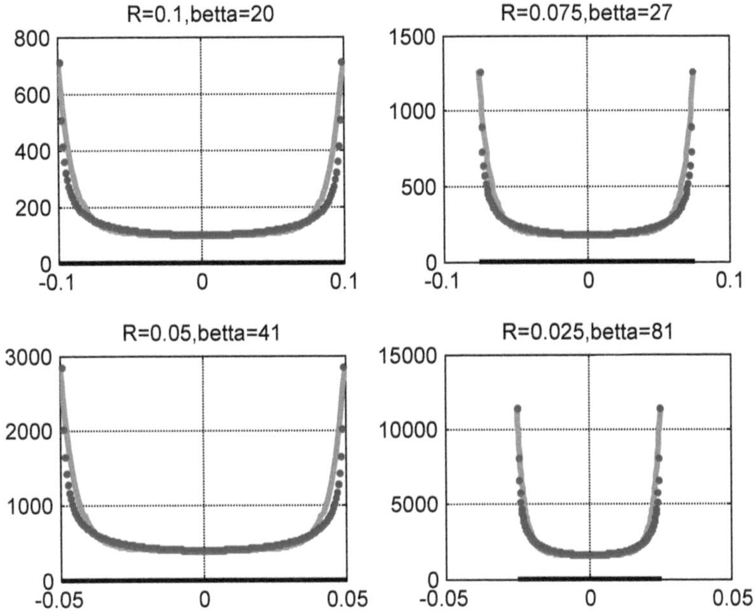

Рис. 1а

Функция (13) и функция $\mathrm{Sh}(\beta y)$ при $\rho_o = 1$ и $R = 11$ показаны на рис. 1в. Функция (13) может быть представлена суммой константы $\rho'_a(y) = \rho_o / R^2$ и переменной части

$$\rho''_a(y) = \frac{\rho_o}{g \cdot R^2}\mathrm{Ch}(\beta y). \tag{17}$$

При этом $\rho''_a(y) \approx \rho'_a(y)/6$ и $\rho''_a(y) \approx \rho_a(y)/6$. В силу линейности уравнений Максвелла решение для функции (13) равно сумме решений для $\rho''_a(y)$, $\rho'_a(y)$. В дальнейшем мы будем рассматривать решения для (17) и (13) - $\rho''_a(y)$, $\rho_a(y)$.

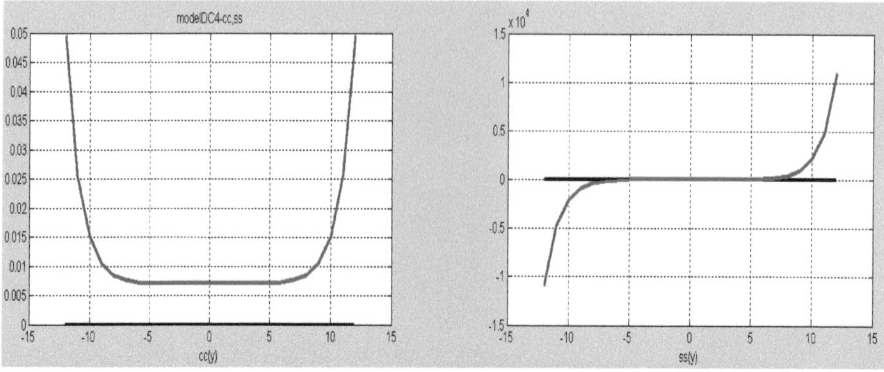

Рис. 1в.

2. Вариационный принцип для плоских статических электрических полей

Рассмотрим функционал вида

$$F(q)=\int_x \left(\frac{1}{2}L\cdot\left(\frac{dq}{dx}\right)^2+\rho\cdot\frac{dq}{dx}\right)dx\,. \tag{1}$$

от функции $q(x)$, где L – известная константа, а $\rho(x)$ – известная функция. Экстремаль этого функционала описывается уравнением вида

$$-L\cdot\left(\frac{d^2q}{dx^2}\right)-\frac{dq}{dx}=0. \tag{2}$$

или, после интегрирования,

$$L\cdot\frac{dq}{dx}+\rho+\text{const}=0. \tag{3}$$

Следовательно, при спуске на этом функционале по градиенту

$$p=-L\cdot\left(\frac{d^2q}{dx^2}\right)-\frac{d\rho}{dx} \tag{4}$$

находится оптимальное значение функции $q(x)$, удовлетворяющее уравнению (3).

Рассмотрим теперь вектор-функцию

$$E=\left[E_x(x,y),\ E_y(x,y)\right] \tag{5}$$

и функционал вида

$$F(E)=\iint\limits_{x,y}\begin{pmatrix}\frac{1}{2}E_y\cdot\partial(\mathrm{grad}(E_x))/\partial y+\frac{1}{2}E_x\cdot\partial(\mathrm{grad}(E_y))/\partial y\\ +E_x\cdot\partial(\mathrm{grad}(E_x))/\partial x-E_y\cdot\Delta(E_y)+\frac{\rho}{\varepsilon}\cdot\mathrm{div}(E_x)\end{pmatrix}dxdy \quad (6а)$$

или

$$F(E)=\iint\limits_{x,y}\begin{pmatrix}\frac{1}{2}E_y\cdot\left(\frac{\partial^2E_x}{\partial y^2}+\frac{\partial^2E_x}{\partial x\partial y}\right)+\frac{1}{2}E_x\cdot\left(\frac{\partial^2E_y}{\partial y^2}+\frac{\partial^2E_y}{\partial x\partial y}\right)\\ +E_x\cdot\left(\frac{\partial^2E_x}{\partial x^2}+\frac{\partial^2E_x}{\partial x\partial y}\right)-E_y\cdot\left(\frac{\partial^2E_y}{\partial x^2}+\frac{\partial^2E_y}{\partial y^2}\right)\\ +\frac{\rho}{\varepsilon}\cdot\left(\frac{\partial E_x}{\partial x}+\frac{\partial E_x}{\partial y}\right)\end{pmatrix}dxdy, \quad (6в)$$

где $\rho(x,y)$ – известная функция.

Далее будем рассуждать по аналогии с вышеизложенным. По формуле Остроградского [4] можно показать, что эктремаль этого функционала описывается двумя уравнениями – экстремалями по функциям $E_x(x,y)$, $E_y(x,y)$:

$$\begin{aligned}&\left(\frac{\partial^2E_y}{\partial y^2}+\frac{\partial^2E_y}{\partial x\partial y}+\frac{\partial^2E_x}{\partial x\partial y}+\frac{\partial^2E_x}{\partial x^2}+\frac{1}{\varepsilon}\cdot\left(\frac{\partial\rho}{\partial x}+\frac{\partial\rho}{\partial y}\right)\right)=0,\\ &\left(\frac{\partial^2E_x}{\partial y^2}+\frac{\partial^2E_x}{\partial x\partial y}-\frac{\partial^2E_y}{\partial x^2}-\frac{\partial^2E_y}{\partial x\partial y}\right)=0.\end{aligned} \quad (7)$$

Здесь первые два члена в обоих уравнениях являются результатом дифференцирования по теореме Остроградского первых двух слагаемых функционала; третий и четвертый член в первом уравнении является результатом дифференцирования третьего слагаемого функционала; третий и четвертый член во втором уравнении является результатом дифференцирования четвертого слагаемого функционала; пятый член в первом уравнении является результатом дифференцирования пятого слагаемого функционала. С учетом (1.5, 1.6) уравнения (7) преобразуются к виду

$$\begin{cases} \operatorname{grad}(\operatorname{div}(E)) + \frac{1}{\varepsilon} \cdot \operatorname{grad}(\rho) = 0, \\ \operatorname{grad}(\operatorname{rot}(E)) = 0. \end{cases} \quad (8)$$

Поскольку поле E не имеет постоянной составляющей, то из (8) следует (1.1, 1.2). Следовательно, при спуске на функционале (6a) по градиенту

$$p = \begin{pmatrix} p_x \\ p_y \end{pmatrix} = \begin{pmatrix} \operatorname{grad}(\operatorname{div}(E)) + \frac{1}{\varepsilon} \cdot \operatorname{grad}(\rho) = 0 \\ \operatorname{grad}(\operatorname{rot}(E)) = 0 \end{pmatrix}. \quad (9)$$

находится оптимальное значение функции $E(x, y)$, удовлетворяющее уравнениям Максвелла (1.1, 1.2) или (1.3, 1.4).

3. Дискретизация задачи 1

Рассмотрим область CEFD на рис. 1. Для дискретизации задачи 1 представим эту область множеством W=M*N точек, где M, N - количество точек по осям ox и oy соответственно. Заменим частные производные функции по некоторой координате разностями соседних значений этой функции, расположенных на соответствующей оси координат. Тогда вместо уравнений (1.3, 1.4) получим 6 уравнений вида

$$E_{xx} = A_x E_x, \quad (1)$$

$$E_{xy} = A_y E_x, \quad (2$$

$$E_{yx} = A_x E_y, \quad (3)$$

$$E_{yy} = A_y E_y, \quad (4)$$

$$E_{xx} + E_{yy} = E_{xox}, \quad (5)$$

$$E_{yx} - E_{xy} = 0, \quad (6)$$

где

E_x, E_y - векторы дискретных значений соответствующих напряженностей,

E_{xx} - вектор дискретных значений частной производной $\frac{\partial E_x}{\partial x}$ и т.п.,

E_{xox} - вектор краевых дискретных значений напряженности E_x на оси; эти напряженности определяются в зависимости от зарядов в соответствии с (1.10);

A_x - матрица преобразования вектора E_x в вектор E_{xx} и вектора E_y в вектор E_{yx},

A_y - матрица преобразования вектора E_x в вектор E_{xy} и вектора E_y в вектор E_{yy}.

Для точного решения задачи дискретная модель должна охватывать всю бесконечную область существования поля. Это, естественно, невозможно. Можно ограничиться областью, за пределами которой напряженности достаточно малы. Но на границе такой области дивергенция не равна нулю, т.е. на границе области не выполняется условие (5). В связи с этим уравнение (5) должно быть преобразовано к виду

$$\left(E_{xx} + E_{yy}\right) \otimes Q = 0, \tag{7}$$

где

Q - матрица, каждый элемент которой соответствует дискретизируемой области существования поля; при этом элементы, соответствующие границам области, равны 0, а остальные элементы равны 1;

$\otimes$ - операция покомпонентного умножения матриц.

Уравнения (1-7) можно переписать в виде

$$A_x E_x + A_y E_y - E_{xox} = 0, \tag{8}$$

$$A_x E_y - A_y E_x = 0, \tag{9}$$

$$\left(A_x E_x + A_y E_x\right) \otimes Q - E_{xox} = 0, \tag{10}$$

Рассмотрим вектор

$$q = \left[E_x, E_y\right] \tag{13}$$

и матрицу

$$T = \begin{bmatrix} Ax & Ay \\ Ay & -Ax \end{bmatrix}. \tag{14}$$

При этом уравнения (1-6) можно записать в виде

$$T \cdot q - q_o = 0, \tag{15}$$

где вектор краевых условий

$$q_o = \lfloor E_{xo}, E_{yo} \rfloor \tag{16}$$

В [5] показано, что линейное уравнение вида (14) является экстремалью функционала вида

$$F(q) = \iint_{x,y} \left(\frac{1}{2} q^T \cdot \left(T \cdot T^T \right) q + T \cdot q \cdot q_o^T \right) dxdy \,. \tag{17}$$

При этом решение уравнения вида (14) может быть найдено методом градиентного спуска по этому функционалу. Градиент здесь имеет вид

$$p(q) = \left(T \cdot T^T \right) q + T \cdot q_o^T \,. \tag{18}$$

На экстремали $p(q) = 0$ или

$$T \cdot T^T \cdot q + T \cdot q_o^T = 0 \,. \tag{19}$$

Сокращая на Т, получаем (14), т.е. экстремаль функционала (17) удовлетворяет уравнению (14).

Градиент (18) может быть представлен в виде

$$p(q) = \begin{bmatrix} p_x(q) \\ p_y(q) \end{bmatrix} . \tag{20}$$

где $p_x(q)$ и $p_y(q)$ соответствуют уравнениям (8, 9). Очевидно, градиент вида $p_x(q) \otimes Q$ соответствует уравнению (10). Следовательно, спуск по функционалу (17) по градиенту

$$\overline{p(q)} = \begin{bmatrix} p_x(q) \otimes Q \\ p_y(q) \end{bmatrix} \tag{21}$$

достигает экстремали, удовлетворяюшей уравнениям (8, 10).

Итак, предлагаемый метод позволяет решить уравнения (8, 10) в некоторой ограниченной области. На неограниченной области решение этих уравнений можно выполнять так:

1. Выбирается ограниченная область V_1.
2. Находится решение E_1 системы уравнений (9, 10) для области V_1.
3. Выбирается область $V_2 \supset V_1$.
4. Находится решение E_2 системы уравнений (9, 10) для области V_2.

5. Если с достаточной точностью $E_2 \approx E_1$, то принимается решение E_2. В противном случае выбирается область $V_3 \supset V_2$ и т.д.

Пример 1. Пусть N=45, M=45, AB=45, $R=20,\ \rho_o / \varepsilon = 1,\ \beta = 0.5$ - см. функцию modelDC4.m, mode=9. На рис. 2 показано распределение напряженностей Ex и Ey, рассчитанных для полного заряда (1.3), на плоскости CEFD. На рис. 3а показаны эти же функции Ex(x) и Ey(x) при постоянных значениях y. Эти значения варьируются в пределах $y = 0 \div 5$, но графики функций сливаются. На рис. 3в показаны функции Ex(x) и Ey(x), рассчитанные для переменного заряда (1.17) при постоянных значениях y. Эти значения варьируются в пределах $y = 0 \div 5$.

Важно отметить, что в последнем случае наблюдаются колебания амплитуды напряженностей вдоль оси ox, что соответствует теоретическому решению (1.8, 1.9). Для сравнения на рис. 3в показаны функции $\cos(\chi x),\ \sin(\chi x)$. Из (1.8, 1.12, 1.15, 1.16) найдем теоретическую длину λ волны для $\cos(\chi x) = \cos(\beta x)$. Имеем: $\beta\lambda = 2\pi$ или $\lambda = 2\pi / \beta = 0.2\pi R \approx 12.6$. Видно, что ограниченность ширины полосы приводит к затуханию пространственных колебаний напряженности.

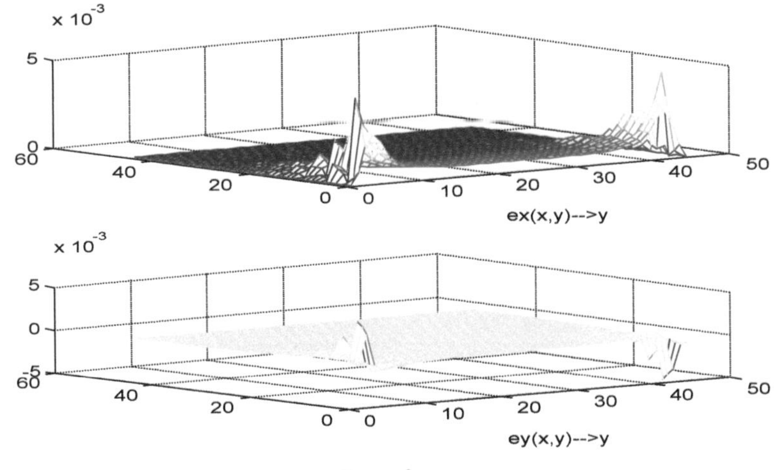

Рис. 2.

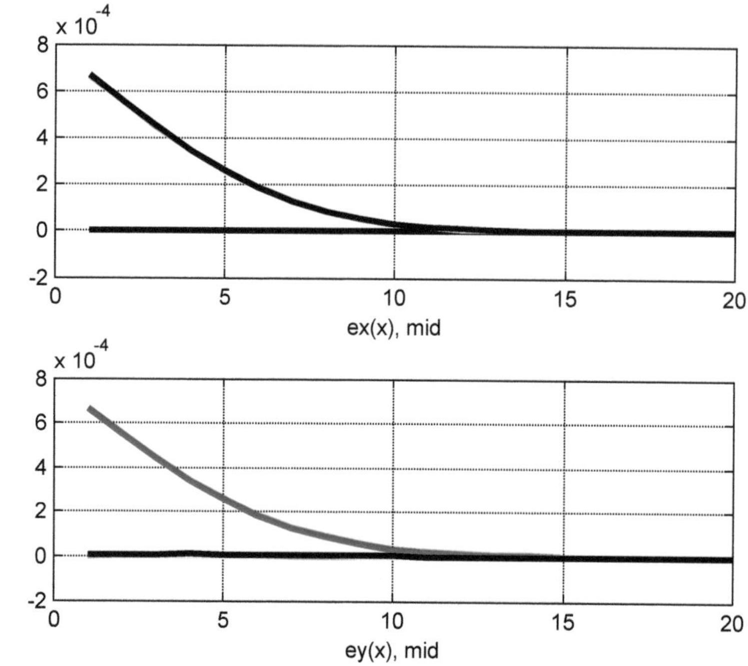

Рис. 3а.

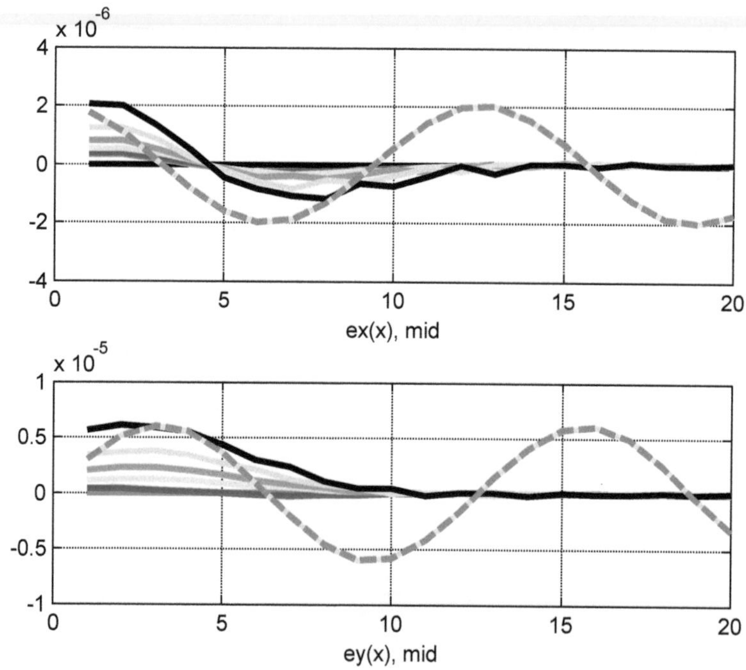

Рис. 3в.

Пример 2. Рассмотрим полосовой конденсатор при R=12, пластины которого находятся на расстоянии p=12; заряды на пластинах рассчитываются по (1.13).

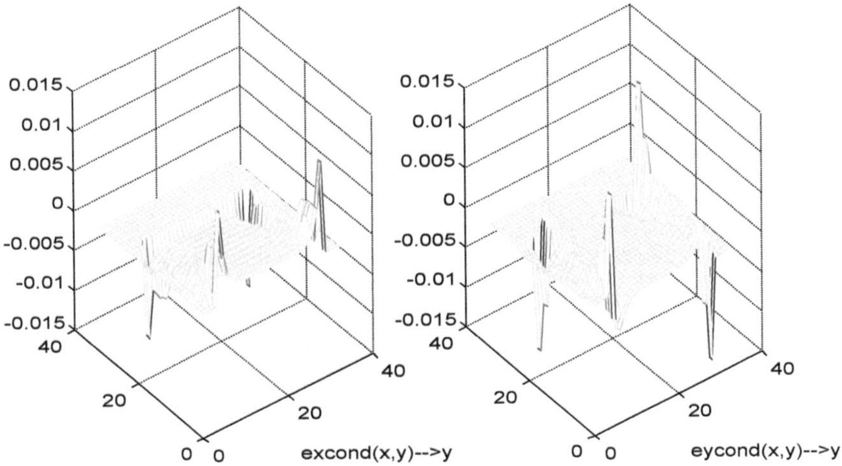

Рис. 4.

Пример 3. Рассмотрим две заряженные пластины при R=12, расположенные рядом в одной плоскости; заряды на пластинах рассчитываются по (1.13).

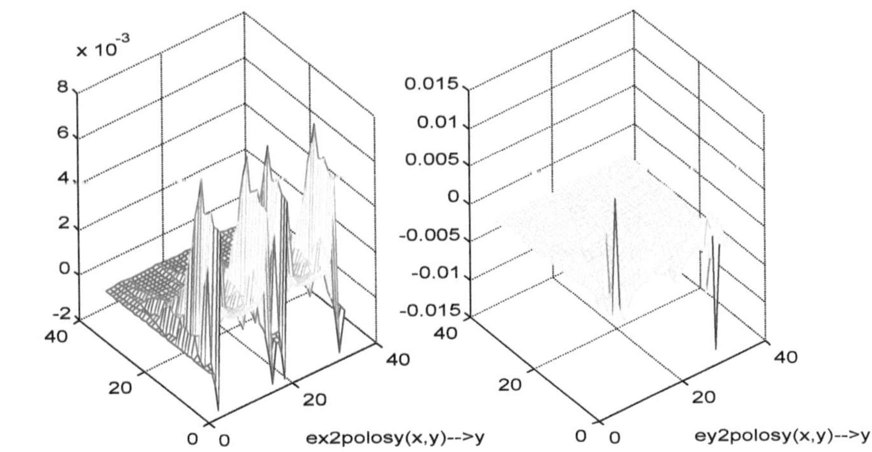

Рис. 5.

4. Магнитное поле вблизи вытянутого торца постоянного магнита – задача 2

Рассмотрим постоянный полосовой магнит, намагниченный по толщине полосы – рис. 1 отражает такую конструкцию. Уравнения Максвелла в окрестности полосы-торца такого магнита имеют вид [1, 2, 3]:

$$\operatorname{div}(H)=\frac{\sigma}{\varepsilon},. \tag{1}$$

$$\operatorname{rot}(H)=0,. \tag{2}$$

где

μ - абсолютная магнитная проницаемость среды

σ - плотность магнитных зарядов, равная индукции на торце. Пусть функция распределения плотности электрических зарядов по ширине полосы имеет вид

$$\sigma(x,y)=\sigma_o \mathrm{Chd}(\beta y)\lambda'(x), \tag{3}$$

где σ_o - известный коэффициент, а остальные величины определены в разделе 1. Можно заметить, что уравнения (1-3) совпадают с уравнениями (1.1, 1.2, 1.7) с точностью до обозначений. Поэтому и в этом случае решение уравнений (1-3) при $x>0$ принимает вид

$$H_x(x,y)=h_x \mathrm{Chd}(\beta y)\cos(\chi x), \tag{4}$$

$$H_y(x,y)=h_y \mathrm{Shd}(\beta y)\sin(\chi x), \tag{5}$$

$$h_x=\frac{\sigma_o}{\mu}, \tag{6}$$

$$h_y=h_x, \tag{7}$$

$$\chi=\beta. \tag{8}$$

Расчеты и измерения показывают, что такая функция хорошо аппроксимирует реальную функцию распределения плотности магнитных зарядов [6].

На рис. 6 в левом окне представлена реальная функция распределения плотности электрических зарядов при $\sigma_o=1$, $R=7.5мм$ (штриховая синяя линия) и аппроксимирующая ее функция (красная толстая линия) вида

$$\sigma_a(y) = \sigma_o\left(1 + \frac{1}{q \cdot R^2}(1 - \mathrm{Ch}(\beta y))\right), \tag{9}$$

где

$$q = 160, \tag{10}$$

$$\beta = a/R, \tag{11}$$

$$a = 10. \tag{12}$$

Измеренная функция $H_y(x, y)$ при $y = 0$ (штриховая синяя линия) и функция $\mathrm{Shd}(\beta y)$ показана в правом окне на рис. 6.

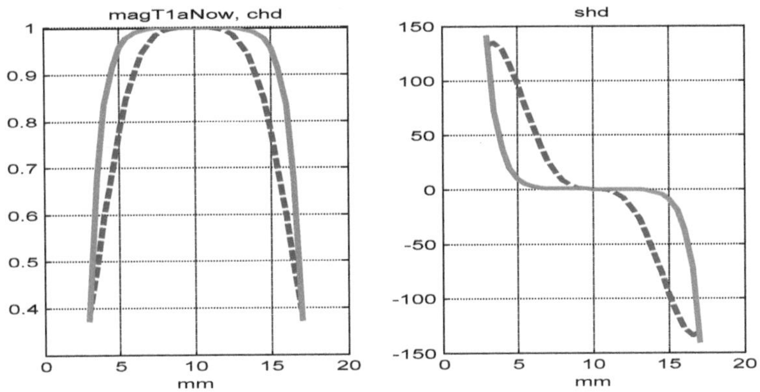

Рис. 6.

Функция (9) может быть представлена суммой константы

$$\sigma'_a(y) = \sigma_o\left(1 + \frac{1}{q \cdot R^2}\right) \tag{13}$$

и переменной части

$$\sigma''_a(y) = -\frac{\sigma_o}{q \cdot R^2}\mathrm{Ch}(\beta y). \tag{14}$$

Из изложенного следует, что уравнения электрического поля заряженной полосы и магнитного поля вытянутого торца постоянного магнита совпадают с точностью до обозначений и констант. Следовательно, для расчета такого магнитного поля можно применить вышеописанный метод. Примеры для этого случая не рассматриваются, т.к. характер кривых для заряженной полосы и вытянутого торца постоянного магнита полностью совпадает: это связано с тем, что совпадают формулы (1.15, 1.16) и (11, 12).

5. Магнитное поле полосового токопровода – задача 3

Пусть токопровод, по которому течет постоянный ток, имеет вид бесконечной полосы вдоль координаты z – см. рис. 1. Тогда напряженность $H_z = 0$ и уравнения Максвелла принимают вид:

$$\frac{\partial H_x}{\partial x} + \frac{\partial H_y}{\partial y} = 0, \tag{1}$$

$$\frac{\partial H_y}{\partial x} - \frac{\partial H_x}{\partial y} - \frac{dK}{dz} \Big/ \mu = 0, \tag{2}$$

где

- ось ox направлена перпендикулярно плоскости полосы,
- ось oy направлена поперек полосы,
- ось oz направлена вдоль поллосы,
- плотность электрического тока

$$\mathrm{j} = \mathrm{grad}(K). \tag{3}$$

- μ - абсолютная диэлектрическая проницаемость среды.

Обозначим

φ - электрический скалярный потенциал,

ϑ - электропроводность,

j_z - проекция вектора плотности тока j на ось oz.

Тогда получим [1]

$$j_z = \frac{dK}{dz}, \tag{4}$$

$$j_z = -\vartheta \frac{d\varphi}{dz}, \tag{5}$$

$$\frac{dK}{dx} = -\vartheta \frac{d\varphi}{dx}, \tag{6}$$

$$K = -\vartheta\varphi. \tag{7}$$

Перепишем уравнение (2) в виде

$$\frac{\partial H_y}{\partial x} - \frac{\partial H_x}{\partial y} - J/\mu = 0, \tag{8}$$

где J - проекция вектора плотности постоянного тока на плоскость xoy. Пусть функция расределения плотности постоянного тока имеет вид

$$J(x,y) = J_o \mathrm{Chd}(\beta y)\lambda'(x), \tag{9}$$

где J_o, β - известные коэффициенты, причем $\beta \approx 0$ и, следовательно, $\mathrm{Chd}(\beta y) \approx 1$, $\mathrm{Shd}(\beta y) \approx 0$. Такая функция хорошо апроксимирует реальную функцию распределения постоянного тока по ширине проводника. Как и в разделе 1 решение уравнений (1, 8, 9) при $x>0$ принимает вид

$$H_x(x,y) = h_x \mathrm{Shd}(\beta y)\sin(\chi x), \tag{10}$$

$$H_y(x,y) = h_y \mathrm{Chd}(\beta y)\cos(\chi x), \tag{11}$$

$$h_x = J_o / \mu, \tag{12}$$

$$h_y = -h_x, \tag{13}$$

$$\chi = \beta. \tag{14}$$

Однако это решение справедливо в близкой окрестности токопровода, поскольку не учитывает краевые эффекты. Далее рассматривается решение этой задачи 1) с учетом краевых эффектов и 2) при произвольной функции распределения зарядов вдоль ширины пластины.

6. Вариационный принцип для полосового токопровода

Уравнения (5.1, 5.8) можно записать в виде

$$\mathrm{div}(H) = 0, \tag{1}$$

$$\mathrm{rot}(H) - J/\mu = 0. \tag{2}$$

По аналогии с разделом 2 рассмотрим функционал вида

$$F(E) = \iint\limits_{x,y} \begin{pmatrix} \frac{1}{2} H_y \cdot \mathrm{grad}(H_x)/\partial y + \frac{1}{2} H_x \cdot \mathrm{grad}(H_y)/\partial y \\ + H_x \cdot \mathrm{grad}(H_x)/\partial x - H_y \cdot \Delta(H_y) - \frac{J}{\varepsilon} \cdot \mathrm{div}(H_y) \end{pmatrix} dxdy, \tag{3}$$

где $J(x,y)$ – известная функция. Эктремаль этого функционала описывается двумя уравнениями – экстремалями по функциям $H_x(x,y)$, $H_y(x,y)$:

$$\begin{pmatrix} \mathrm{grad}(\mathrm{div}(H)) = 0, \\ \mathrm{grad}(\mathrm{rot}(H)) - \frac{1}{\mu} \cdot \mathrm{grad}(J) = 0. \end{pmatrix}. \quad (4)$$

Поскольку поле H не имеет постоянной составляющей, то из (4) следует (1, 2). Следовательно, при спуске на функционале (3) по градиенту

$$p = \begin{pmatrix} p_x \\ p_y \end{pmatrix} = \begin{pmatrix} \mathrm{grad}(\mathrm{div}(H)) + \frac{1}{\mu} \cdot \mathrm{grad}(J) = 0 \\ \mathrm{grad}(\mathrm{rot}(H)) = 0 \end{pmatrix}. \quad (5)$$

находится оптимальное значение функции $H(x, y)$, удовлетворяющее уравнениям Максвелла (1, 2).

7. Дискретизация задачи 3

Аналогично предыдущему уравнения (1, 8) можно представить в дискретном виде как

$$A_x H_x + A_y H_y = 0, \quad (15)$$

$$(A_x H_y - A_y H_x) \otimes Q - H_{xox} = 0. \quad (17)$$

При этом вектор H_{yoy} краевых дискретных значений напряженности H_y определяются в зависимости от плотности тока в соответствии с (12).

Далее аналогично предыдущему решение уравнений (15, 17) выполняется методом градиентного спуска, изложенным в разделе 3.

Пример 5. Пусть N=27, M=27, AB=27, $J_o / \mu = 1$, $\beta = 0.07$ - см. функцию modelDC4.m, mode=13.

На рис. 7 показано распределение напряженностей Hx и Hy на плоскости CEFD. На рис. 8 показаны функции hx(x) и hy(x) при постоянных значениях y При этом в окнах, обозначенных как "mid" значения варьируются в пределах $y = 0 \div 5$, а окнах, обозначенных как "krai" значения варьируются в пределах $y = (-N + 4) \div (-N + 9)$.

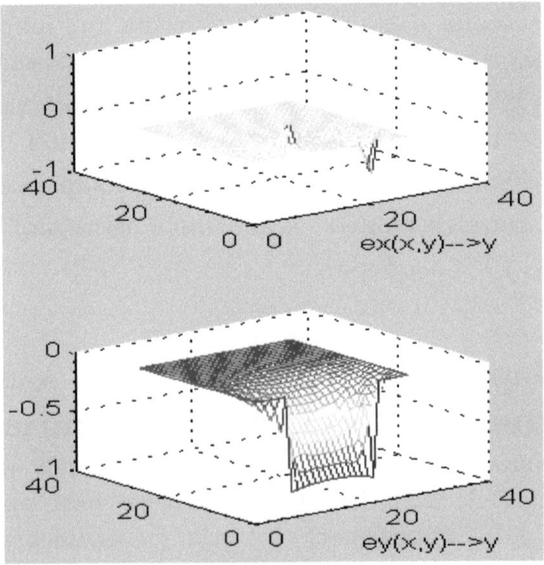

Рис. 7

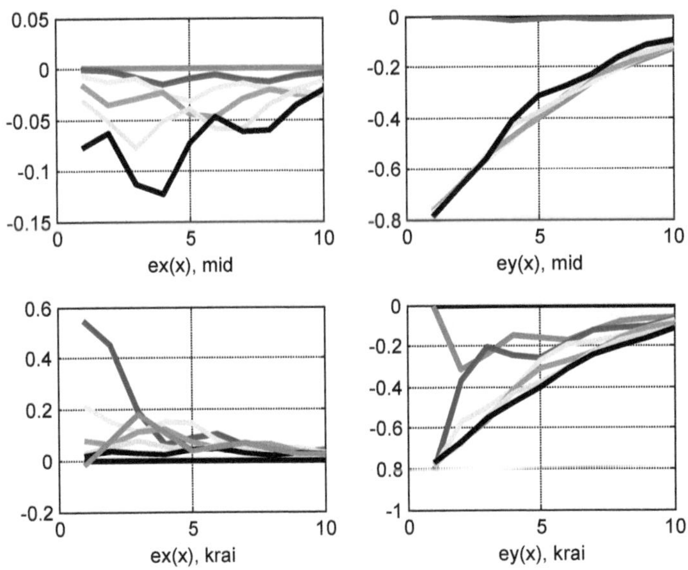

Рис. 8

Важно отметить, что и в этом случае наблюдаются колебания амплитуды напряженностей вдоль оси OX. Можно представить себе неоднородную по толщине полосу. При утолщении полосы по краям функция распределения плотности тока по ширине полосы может принять характер функции распределения электрических зарядов по ширине заряженной полосы. Тогда колебания магнитной напряженности вдоль оси ox будут иметь такой же характкер, как и колебания электрической напряженности в заряженной полосе. Однако в этом случае колебания электрической напряженности $E_x(x, y)$ будут соответствовать колебания магнитной напряженности $H_y(x, y)$ и наоборот.

8. Вариационный принцип для объемных статических электрических полей

Уравнения Максвелла для электростатики и в этом случае имеют вид (1.1, 1.2). Но в этом случае они превращаются в 4 уравнения относительно трех неизвестных функций $E_x(x,y,z)$, $E_y(x,y,z)$, $E_z(x,y,z)$:

$$\frac{\partial E_x}{\partial x}+\frac{\partial E_y}{\partial y}+\frac{\partial E_z}{\partial z}=\frac{\rho}{\varepsilon}, \tag{1}$$

$$\frac{\partial E_y}{\partial x}-\frac{\partial E_x}{\partial y}=0, \tag{2}$$

$$\frac{\partial E_z}{\partial x}-\frac{\partial E_x}{\partial z}=0, \tag{3}$$

$$\frac{\partial E_y}{\partial z}-\frac{\partial E_z}{\partial y}=0. \tag{4}$$

Эта система формально является переопределенной. Но в случае осесимметричной конструкции (вокруг оси ox) уравнение (4) превращается в тождество и может быть исключено. В дальнейшем мы будем рассматривать только такие конструкции (хотя, вообще говоря, переопределенность исключается и в общем случае – при численном моделировании решение, найденное по (1-3), удовлетворяет уравнению (4)). Ротор в такой конструкции, описываемый двкмя уравнениями (2, 3) будем обозначать как $\mathrm{rot_o}(E)=0$.

Рассмотрим квадратную заряженную поверхность с полустороной R, где начало координат находится в центре квадрата, а ось ox направлена перпендикулярно повехности. Пусть функция распределения плотности электрических зарядов по этой поверхности имеет вид

$$\rho(x,y)=\rho_o(\mathrm{Chd}(\beta y)-1)(\mathrm{Chd}(\beta z)-1)\lambda'(x). \tag{5}$$

В [1, 2, 3] показано, что функция (3) хорошо аппроксимирует реальную функцию распределения плотности электрических зарядов, а решение решение уравнений (1-4) при $x>0$ в принимает вид

$$E_x(x,y,z)=e_x\mathrm{Chd}(\beta y)\mathrm{Chd}(\beta z)\cos(\chi x), \tag{6}$$

$$E_y(x,y,z)=e_y\mathrm{Shd}(\beta y)\mathrm{Chd}(\beta z)\sin(\chi x), \tag{7}$$

$$E_z(x,y,z)=e_z\mathrm{Shd}(\beta z)\mathrm{Chd}(\beta y)\sin(\chi x), \tag{8}$$

$$e_x=\frac{\rho_o}{\varepsilon}, \tag{9}$$

$$e_z=e_y=e_x, \tag{10}$$

$$\chi=\beta. \tag{11}$$

Однако это решение справедливо в близкой окрестности поверхности, поскольку не учитывает краевые эффекты. Далее рассматривается решение этой задачи 1) с учетом краевых эффектов и 2) при произвольной функции распределения зарядов по поверхности.

По аналогии с разделом 2 рассмотрим функционал вида

$$F(E)=\iint\limits_{x,y}\begin{pmatrix}\frac{1}{2}E_y\cdot\partial(\mathrm{grad}(E_x))/\partial y+\frac{1}{2}E_x\cdot\partial(\mathrm{grad}(E_y))/\partial y+\\ \frac{1}{2}E_z\cdot\partial(\mathrm{grad}(E_x))/\partial z+\frac{1}{2}E_x\cdot\partial(\mathrm{grad}(E_z))/\partial z+\\ E_x\cdot\partial(\mathrm{grad}(E_x))/\partial x-E_y\cdot\Delta(E_y)-E_z\cdot\Delta(E_z)\\ +\frac{\rho}{\varepsilon}\cdot\mathrm{div}(E_x)\end{pmatrix}dxdy, \tag{12}$$

где $\rho(x,y)-$ известная функция. По по аналогии с вышеизложенным можно показать, что эктремаль этого функционала описывается тремя уравнениями – экстремалями по функциям $E_x(x,y,z)$, $E_y(x,y,z)$, $E_z(x,y,z)$:

$$\begin{pmatrix} \operatorname{grad}(\operatorname{div}(E)) - \frac{1}{\varepsilon} \cdot \operatorname{grad}(\rho) = 0, \\ \operatorname{grad}(\operatorname{rot}_0(E)) = 0. \end{pmatrix}. \tag{13}$$

Поскольку поле E не имеет постоянной составляющей, то из (13) следует (1, 2, 3). Следовательно, при спуске на функционале (12) по градиенту

$$p = \begin{pmatrix} p_x \\ p_y \\ p_z \end{pmatrix} = \begin{pmatrix} \operatorname{grad}(\operatorname{div}(E)) - \frac{1}{\varepsilon} \cdot \operatorname{grad}(\rho) = 0 \\ \operatorname{grad}(\operatorname{rot}_0(E)) = 0 \end{pmatrix}. \tag{14}$$

находится оптимальное значение функции $E(x, y, z)$, удовлетворяющее уравнениям Максвелла (1, 2, 3).

Литература

1. Хмельник С.И. Вариационный принцип экстремума в электромеханических и электродинамических системах. Publisher by "MiC", printed in USA, Lulu Inc., ID 1769875, Израиль, 2008, ISBN 978-0-557-04837-3.
2. Хмельник С.И. Уравнения Максвелла как следствие вариационного принципа. «Доклады независимых авторов», изд. «DNA», printed in USA, Lulu Inc., ID 237433. Россия-Израиль, 2006, вып. 3, ISBN 978-1-4116-5085-5.
3. Хмельник С.И. Уравнения Максвелла как следствие вариационного принципа. Вычислительный аспект. «Доклады независимых авторов», изд. «DNA», printed in USA, Lulu Inc. 322884, Россия-Израиль, 2006, вып. 4, ISBN 978-1-4303-0460-9.
4. Эльсгольц Л.Э. Дифференциальные уравнения и вариационное исчисление, Эдиториал УРСС, Москва, 2000.
5. Хмельник С.И. Электрические цепи постоянного тока для моделирования и управления. Алгоритмы и аппаратура. Published by "MiC" - Mathematics in Computer Comp., printed in USA, Lulu Inc., ID 113048. Израиль-Россия, 2004, 174 с
6. Хмельник С.И., Мухин И.А., Хмельник М .И. Продольные волны постоянного магнита. «Доклады независимых авторов», изд. «DNA», printed in USA, Lulu Inc., ID 2221873. Россия-Израиль, 2008, вып. 8., ISBN 978-1-4357-1642-1.

Авторы

Голубенко Наталья Борисовна, *Россия.*
natalia.gnb@mail.ru
Высшее библиотечное образование, работает библиотекарем в Кузбасском государственном техническом университете с 2004 года.

Жмудь Александр Аркадьевич, *Россия.*
zalex@sibmail.ru
1957 г.р., г. Новосибирск. Образование физико-техническое, 1979-1991 гг. – разработка спецтехники, с 1992 г. – частный бизнес в научно-технических областях.

Жоголь Роман Александрович, *Россия.*
zhogol@biogenez.ru
Кандидат медицинских наук.
2001 – 2010 г.г. - преподаватель, доцент кафедры биохимии НГМУ

Елкин Игорь Владимирович; *Россия.*
IElkin@yandex.ru

Родился в 1958г. Школу закончил в 1975г. В 16 лет поступил на физико-механический факультет ЛПИ им. Калинина (теперь - политехнический университет). Написал диплом в Физико-техническом институте имени А.Ф. Иоффе. Окончил физико-механический факультет ЛПИ им. Калинина До 1987г. работал по специальности. После - не по специальности, но теоретическую физику не забывал. Было легче без определенных тем.

Клишев Борис Владимирович, *Россия.*
borkli@mail.ru

1956 г. р. Краснодарский край, Анапский район, станица Анапская.
Инженер-строитель (промышленное и гражданское строительство). Индивидуальный предприниматель, проектирование и расчет несущих конструкций зданий.

Кутовая Светлана Владимировна, *Россия.*
soclab07@rambler.ru

Кандидат социологических наук.
Институт комплексного анализа региональных проблем Дальневосточного отделения Российской академии наук, Биробиджан.

Миркин Владислав Иосифович, *США*
mirkinvlad@mail.ru

Мне 63 года, проживаю в Америке под Чикаго. Физик, кандидат технических наук.

Недосекин Юрий Андреевич, *Россия*
meson@inetcomm.ru

Родился в год лошади (овен) 27 марта 1942 года в д. Печерники Зарайского района Московской обл.
Родители: мать Сергеева Зоя Михайловна - учительница начальных классов; отец Недосекин Андрей Спиридонович - лесничий.

В 1969 году окончил физфак Томского государственного университета по специальности "Теоретическая физика". Работал 2 года в НИИ механики и газа (п\я), затем 3 года в экспериментальном отделе группы проф. К.П. Станюковича, где разработал теорию крутильного маятника с 5-ю степенями свободы, используемого во многих приложениях (в частности, в гравиметрии). Из-за конфликта с моим научным руководителем перешел в теоретический отдел, в котором я в общем-то был белой вороной. В этом отделе работали высококвалифицированные специалисты по общей теории относительности (ОТО), хорошо владеющие математическим аппаратом этой теории. Я же знаком с ОТО в ее формальном аспекте только в рамках университетского курса. Через некоторое небольшое время в группе К.П. Станюковича возникла необходимость в сокращении штатов. В число сокращаемых попал и я. После этого я уже больше нигде не работал из-за моего заболевания – миопатия.
Занимался на дому частной практикой – репетиторство со школьниками и выполнение контрольных и курсовых работ студентам по математике, физике, механике, сопромату, электротехнике.

Наукой занимался дома. Со своими теориями обращался к известным научным авторитетам, поддержки не получил. Вот некоторые выдержки из этих бесед.

В беседе с академиком Л.Б. Окунь в августе 1970 года: "В физику высоких энергий внесено столько много средств, что никто не позволит ломать ее представления". Как говорится, комментарии излишни. "Физика 70–х годов не может принять идею о конечном радиусе электромагнитного взаимодействия". Этим ответом академик не исключил возможности принятия этой идеи физикой последующих годов. Профессор МГУ А.А. Рухадзе (ныне академик) при обсуждении вопроса о конечном значении радиуса электромагнитного взаимодействия для электрона сказал: "Назовите цифру этого радиуса. У Вас только чувства, а о них не спорят".Профессор Н.Н. Моисеев (ныне академик) о моей просьбе по телефону обсудить мои работы по теории колебаний ответил, что он не специалист в этой области. Я обратился к нему, так как им была написана монография "Асимптотические методы нелинейной механики".

Свои работы по теории колебаний я отослал член-корр. АН Украины Ю.А. Митропольскому, но ответа не получил.

Также я обращался в ФИАН и ИТЭФ в Москве с предложением о новом способе разделения электрических зарядов, но понимания не нашел.

В июне 2010 года я обратился к член-корр. РАН А.Н. Диденко с просьбой о публикации моей работы по квазинейтронам (напечатан в ДНА) в каком-либо академическом издании. Его ответ: "По этому вопросу есть мнения о нецелесообразности публикации." На вопрос, отосланный по электронной почте, в чем эти мнения выражаются, ответа не получил.

Обращался со многими другими своими предложениями к специалистам. Результаты всегда были отрицательными. Наверно многим авторам известны результаты подобных обращений к известным научным авторитетам. Поэтому у нас есть альтернатива опубликовать свои работы в журнале ДНА благодаря его издателю С.И. Хмельнику. Конечно ДНА мало известен в научных кругах, но все-таки некоторые работы реферируются в изданиях ВИНИТИ. Все же это лучше, чем нигде не опубликованные работы.

Многие критикуют основные теории А. Эйнштейна. Я с ними также не согласен, о чем поведал во многих статьях, опубликованных в ДНА.

Ржевский Сергей Семенович, *Россия.*
neotron7@rambler.ru

Инженер электромеханик (ЛИИЖТ), физик-математик (Башкирский госуниверситет). Практик эксплуатации линий электропередачи (Юг Урала), исследователь (Башкирэнерго, ВНИИЭ, НТЦ электроэнергетики) проблемы автоколебаний обледенелых проводов действующих и проектируемых воздушных ЛЭП в конкретных региональных гололедно-ветровых условиях их работы при пляске и подскоках. Автор конструкционного способа практического решения этой проблемы – моделирование и программы расчета сближений проводов для конкретных конструкций линий (статьи, патенты, монография). Предлагается взаимный обмен информацией о проблематике пляски на ЛЭП.

Самохвалов Владимир Николаевич, *Россия*
samohvalov_vn@mail.ru
Доктор технических наук, профессор, зав. кафедрой «Строительные, дорожные машины и технология машиностроения» Самарского государственного университета путей сообщений. Окончил Куйбышевский авиационный институт по специальности «Самолетостроение» в 1979г. В течение многих лет занимался исследованием и внедрением технологии обработки материалов программируемым воздействием давления импульсного магнитного поля. (докт. дисс. – 1996г., МГТУ им. Н.Э. Баумана). В последние годы основная область научных интересов: исследование не электромагнитного взаимодействия вращающихся масс и их влияния на подвижные среды.

Соловченков Сергей Александрович, *Россия.*
solovchenkov@yandex.ru
Кандидат социологических наук.
Научный сотрудник Института комплексного анализа региональных проблем ИКАРП ДВО РАН. Основная сфера интересов – социология села, политическая социология.

Хижняк Николай Григорьевич, *Украина.*
ndspaces@gmail.com
1960 г.р., г. Кривой Рог, инженер-проектировщик, с сентября 2006 занимается исследованиями в области элементарной математики http://www.webstaratel.ru http://ndspaces.narod.ru

Хмельник Соломон Ицкович, *Израиль.*
solik@netvision.net.il
К. т. н., научные интересы – электротехника, электроэнергетика, вычислительная техника, математика. Имеет около 200 изобретений СССР, патентов, статей, книг. Среди них – работы по теории и моделированию математических процессоров для операций с различными математическими объектами; работы по новым методам расчета электромеханических и электродинамических систем; работы по управлению в энергетике.

Черкасов Александр Арвелодович, *Россия.*
Доктор исторических наук, профессор.
Сочинский государственный университет.
sochi003@rambler.ru

Чуличков Олег Геннадиевич, *США.*
Инженер-механик (Куйбышевский авиационный институт),
физик (Куйбышевский гос. унисерситет).
В настоящее время - freelancer.
chlchkv@msn.com

www.ingramcontent.com/pod-product-compliance
Ingram Content Group UK Ltd.
Pitfield, Milton Keynes, MK11 3LW, UK
UKHW040310300826
14791UKWH00002B/802

9 781105 153730